电子行业供应链低碳化实现途径研究

王一雷 著

哈尔滨工业大学出版社

内容简介

本书以中国电子行业为背景,使用了定性和定量相结合的研究方法,通过采用博弈论、演化博弈理论、模糊层次分析法和系统动力学等理论及方法,进行供应链低碳化实现途径的相关研究。具体建议包括:(1)政府需要完善促进电子行业供应链低碳化方面的法规及政策;(2)政府需要培育消费者的低碳环保意识;(3)制造企业应主动采取供应链低碳化战略,同时影响推动供应链上下游企业采取碳减排措施;(4)选择低碳环保的供应商,降低电子行业供应链整体碳排放;(5)制造企业应积极与供应链上下游企业开展碳减排的相关合作。本书逻辑清晰、结构严谨、叙述详细、方法得当,突出了行业应用性。

本书可作为电子行业管理人员、政府机构人员的参考书。

图书在版编目(CIP)数据

电子行业供应链低碳化实现途径研究/王一雷著. —哈尔滨:哈尔滨工业大学出版社,2018.11
ISBN 978-7-5603-7723-0

Ⅰ.①电… Ⅱ.①王… Ⅲ.①电子产品—供应链管理—节能—研究 Ⅳ.①F407.63

中国版本图书馆 CIP 数据核字(2018)第 243520 号

策划编辑	李艳文 范业婷
责任编辑	李春光 谢晓彤
出版发行	哈尔滨工业大学出版社
社　　址	哈尔滨市南岗区复华四道街 10 号 邮编 150006
传　　真	0451-86414749
网　　址	http://hitpress.hit.edu.cn
印　　刷	哈尔滨市工大节能印刷厂
开　　本	660mm×980mm 1/16 印张 9.25 字数 165 千字
版　　次	2018 年 11 月第 1 版 2018 年 11 月第 1 次印刷
书　　号	ISBN 978-7-5603-7723-0
定　　价	48.00 元

(如因印装质量问题影响阅读,我社负责调换)

前　言

　　20世纪以来,全球范围内的电子行业得到了高速发展,随之而来的行业温室气体排放问题也逐渐受到人们的关注。对于电子行业来说,碳排放主要来自电子产品零部件的生产及电子产品的使用,而电子产品制造企业是控制整条供应链碳排放的关键。本书总结了前人的研究成果,并在对电子行业供应链低碳化实现途径进行系统分析的基础上,识别出其关键问题并相应建立数学模型:首先,本书构建了供应链低碳化过程中政府驱动电子产品制造企业的博弈模型;其次,本书建立了电子产品制造企业的低碳供应商评价选择模型和电子产品制造企业与上游供应商的联合碳减排博弈模型;最后,本书建立了电子产品制造企业和下游零售商的碳减排合作博弈模型,并分析了多供应链竞争对减排合作产生的影响。

　　通过使用博弈论、演化博弈理论、模糊层次分析法和系统动力学等理论及方法,本书针对电子行业碳减排的具体建议包括:(1)政府需要完善促进电子行业供应链低碳化方面的法规及政策;(2)政府需要培育消费者的低碳环保意识;(3)制造企业应主动采取供应链低碳化战略,同时影响推动供应链上下游企业采取碳减排措施;(4)选择低碳环保的供应商,降低电子行业供应链整体碳排放;(5)制造企业积极与供应链上下游企业开展碳减排的相关合作。相关结果可以为政府和电子行业的碳减排事业提供决策支持。

　　由于作者的水平有限,书中难免有疏漏之处,敬请各位读者不吝指正。

作　者
2018年9月

主要符号表

符号	代表意义	单位
C_1	企业采取碳减排措施产生的成本	元
C_2	政府检查时付出的成本	元
C_3	企业不采取碳减排措施时造成的社会损失(温室气体排放过高),政府付出的治理成本	元
P	企业不采取碳减排措施,政府检查时对企业的罚金	元
R_1	企业采取碳减排措施后带来的综合收益	元
R_2	企业采取碳减排措施,后政府检查时,政府对企业的补贴	元
R_3	企业采取碳减排措施后通过清洁发展机制或国内碳交易项目获得的收益	元
e	产品最终的碳排放水平	CO_2e
k	产品的碳减排水平	CO_2e
w	产品的批发价格	元
p	产品的零售价格	元
D	产品的市场需求	台
a	产品的市场规模	台

目　　录

第1章　绪　论 ··· 1
  1.1　研究背景与意义 ··· 1
    1.1.1　研究背景 ··· 1
    1.1.2　研究意义 ··· 6
  1.2　供应链低碳化研究述评 ··· 8
    1.2.1　外部驱动主体对制造企业的驱动研究评述 ············· 8
    1.2.2　制造企业对上下游企业的影响研究评述 ··············· 15
    1.2.3　本节小结 ··· 21
  1.3　主要研究思路 ··· 22
    1.3.1　研究目标和研究问题 ··· 22
    1.3.2　研究范围界定和研究内容 ··································· 24
    1.3.3　研究方法和技术路线 ··· 25
    1.3.4　本书结构 ··· 27

第2章　理论基础 ··· 28
  2.1　电子行业供应链低碳化概念 ··· 28
  2.2　电子行业供应链低碳化实现途径分析 ························· 29
  2.3　研究理论及方法 ··· 33
    2.3.1　博弈论 ··· 34
    2.3.2　模糊AHP ·· 36

第3章　电子产品制造企业供应链低碳化政府驱动模型 ··· 38
  3.1　问题描述及模型假设 ··· 38
  3.2　模型建立及策略分析 ··· 40
  3.3　政府动态措施下模型的建立及求解 ····························· 44
  3.4　演化博弈模型仿真分析 ··· 49
  3.5　结论及建议 ··· 55
  3.6　本章小结 ··· 57

第4章 电子产品制造企业与供应商的碳减排合作模型研究 ·············· 58
4.1 电子产品制造企业的低碳供应商选择模型·············· 58
4.1.1 问题描述·············· 58
4.1.2 低碳供应商选择模型·············· 59
4.1.3 算例分析·············· 66
4.1.4 本节小结·············· 70
4.2 电子产品制造企业与上游供应商联合碳减排博弈模型·············· 71
4.2.1 问题描述·············· 71
4.2.2 模型描述和基本假设·············· 72
4.2.3 制造企业与供应商集中决策·············· 73
4.2.4 制造企业与供应商分散决策·············· 74
4.2.5 不同契约下产品碳减排水平及供应链利润分析·············· 79
4.2.6 数值仿真分析·············· 82
4.2.7 模型结论·············· 86
4.3 本章小结·············· 87

第5章 电子产品制造企业与零售商的联合碳减排博弈模型研究 ·············· 88
5.1 电子产品制造企业与下游零售商联合碳减排协调契约模型·············· 88
5.1.1 问题描述及参数假设·············· 88
5.1.2 制造企业与零售商集中决策·············· 90
5.1.3 制造企业与零售商分散决策·············· 91
5.1.4 不同契约下产品碳排放水平及供应链利润分析·············· 95
5.1.5 数值算例仿真·············· 97
5.1.6 模型结论·············· 100
5.2 多供应链竞争下电子产品制造企业与零售商碳减排合作模型 ·············· 101
5.2.1 问题描述及参数假设·············· 101
5.2.2 供应链分散决策·············· 103
5.2.3 供应链集中决策·············· 105
5.2.4 数值仿真分析·············· 106
5.2.5 模型结论·············· 109
5.3 本章小结·············· 110

第6章 结论与展望·············· 112
6.1 研究结论与建议·············· 112
6.1.1 研究结论·············· 112

  6.1.2 研究建议 ………………………………………………… 114
 6.2 研究主要创新点 ………………………………………………… 117
 6.3 研究局限及展望 ………………………………………………… 119
  6.3.1 研究局限 ………………………………………………… 119
  6.3.2 研究展望 ………………………………………………… 120
参考文献 ……………………………………………………………… 121

图 目 录

图 1.1 供应链低碳化实现的关键路径示意图 ………………………… 4
图 1.2 研究技术路线图 …………………………………………… 26
图 2.1 电子行业供应链碳排放生命周期分析 ……………………… 31
图 2.2 电子行业供应链低碳化实现途径框架图 …………………… 33
图 3.1 地方政府和制造企业演化博弈的 SD 模型 ………………… 50
图 3.2 不同初始值下制造企业实施碳减排措施概率的演化过程 … 51
图 3.3 博弈双方混合策略的博弈演化过程 ………………………… 52
图 3.4 在动态和静态惩罚措施下制造企业实施碳减排措施概率的演化过程
………………………………………………………………… 53
图 3.5 在动态惩罚下博弈双方混合策略的博弈演化过程 ………… 54
图 3.6 在动态和静态补偿措施下制造企业实施碳减排措施概率的演化过程
………………………………………………………………… 54
图 3.7 在动态补贴措施下博弈双方混合策略的博弈演化过程 …… 55
图 4.1 模糊 AHP－模糊 GP 结合方法的实施步骤 ………………… 60
图 4.2 低碳供应商选择的 AHP 层级 ……………………………… 61
图 4.3 供应链成员决策示意图 ……………………………………… 72
图 4.4 参数 d_S 对产品碳减排水平 k 的影响 ………………………… 83
图 4.5 参数 d_M 对产品碳减排水平 k 的影响 ………………………… 83
图 4.6 参数 d_S 对供应链利润 Π_{SC} 的影响 …………………………… 84
图 4.7 参数 d_M 对供应链利润 Π_{SC} 的影响 …………………………… 85
图 4.8 参数 d_S 和参数 d_M 对产品碳减排水平 k 的综合影响 ……… 85
图 4.9 参数 d_S 和参数 d_M 对供应链利润 Π_{SC} 的综合影响 ………… 86
图 5.1 碳减排成本系数 ε 对产品碳排放水平 e 的影响 …………… 98
图 5.2 碳减排成本系数 ε 对供应链利润 Π_s 的影响 ……………… 98
图 5.3 参数 λ 和参数 ε 对产品碳排放水平 e 的综合影响 ………… 99
图 5.4 参数 λ 和参数 ε 对供应链利润 Π_s 的综合影响 …………… 99
图 5.5 决策示意图 ………………………………………………… 101

图 5.6　参数 ε 对产品碳减排水平 k_i 的影响 …………………………… 108
图 5.7　参数 φ 对产品碳减排水平 k_i 的影响 …………………………… 108
图 5.8　参数 ε 对供应链利润 Π_{SC_i} 的影响 …………………………… 109
图 5.9　参数 φ 对供应链利润 Π_{SC_i} 的影响 …………………………… 110

表 目 录

- 表 1.1 全球范围内电子行业发展现状及增长趋势 …………………… 2
- 表 1.2 2008～2013 年中国主要电子产品产量统计表 ………………… 4
- 表 1.3 我国促进电子行业供应链低碳化的相关法律法规及政策措施 ……… 5
- 表 1.4 驱动主体驱动制造企业节能减排研究汇总 …………………… 15
- 表 1.5 制造企业影响供应链上下游企业的研究汇总 ………………… 20
- 表 3.1 政府和企业双方博弈策略的组合 ……………………………… 39
- 表 3.2 政府和企业博弈矩阵的收益 …………………………………… 40
- 表 3.3 系统稳定性分析 ………………………………………………… 44
- 表 4.1 指标的解释及文献来源 ………………………………………… 62
- 表 4.2 评价标准的模糊判断矩阵 ……………………………………… 66
- 表 4.3 产品成本模糊判断矩阵 ………………………………………… 67
- 表 4.4 产品质量模糊判断矩阵 ………………………………………… 67
- 表 4.5 供应商服务水平模糊判断矩阵 ………………………………… 68
- 表 4.6 产品碳排放模糊判断矩阵 ……………………………………… 68
- 表 4.7 供应商信息 ……………………………………………………… 68
- 表 4.8 目标函数的上界和下界 ………………………………………… 69
- 表 4.9 不同方法的最优解比较 ………………………………………… 70
- 表 4.10 不同契约下各变量的均衡解 …………………………………… 79
- 表 5.1 不同契约下产品碳排放水平 e 和供应链利润 Π_s …………… 95
- 表 5.2 三种契约模式下产品碳排放水平 e 的比较结果 ……………… 96

第1章 绪　　论

1.1　研究背景与意义

1.1.1　研究背景

工业革命兴起以来,人类进入了工业文明时代,人类社会也发生了巨大的变化。随着现代科技的不断发展,生产技术进步迅速,生产效率不断提高,人类创造出了前所未有的物质财富和精神财富。然而在经济快速发展的过程中,人类忽视了自然系统的生态价值,对化石能源过度地开采和使用,导致全球范围内出现了气候变暖、海平面上升等环境问题。在联合国气候变化专门委员会(Intergovernmental Panel on Climate Change,IPCC)[1]2014年的报告中指出:一百多年(1880～2012年)来全球地表的平均温度升高了0.85 ℃,全球气候变暖趋势明显;1901～2010年全球平均海平面上升了19 cm,并且19世纪中期以来海平面上升量总体呈加速趋势。受全球气候变暖的影响,海平面上升将导致大量的沿海陆地被海水淹没,会对人们的居住场所产生直接影响。目前全球多数居民生活在沿海100 km范围内,海平面的持续上升会导致人类大规模的迁徙。此外,全球范围内干旱、洪水、飓风等自然灾害日趋频繁,这些极端天气也与全球气候变暖密切相关。近年来,社会各界已达成共识,温室效应是极端气候频繁出现以及全球气候变暖的主要原因,而人类在经济社会活动中产生的温室气体则是导致温室效应最主要的根源。据统计资料表明,自工业革命以来的二百年时间内燃烧化石燃料产生的温室气体总量已超过了过去三千年因人类活动而产生的温室气体的总和。如果人类再不对温室气体排放加以限制,其导致的全球变暖可能产生灾难性的严重后果。

为减少温室气体排放、减缓气候变化进程,实现经济和社会的可持续发展,人们开始关注温室气体减排问题。20世纪80年代后期,国际上召开了一系列由各国首脑参与的国际会议,研究和讨论了全球气候变暖的问题及对策。1992年6月,全球范围内共计150多个国家共同签署了《联合国气候变化框架公约》(United Nations Framework Convention on Climate Change,UNFCCC)[2],并于

1994年生效。该公约是具有全面性、普遍性和权威性的国际框架,奠定了气候变化国际合作的法律基础,确立了各国间减排的"共同但有区别的责任",并鼓励发达国家缔约方率先开展温室气体减排工作。为确保《联合国气候变化框架公约》的顺利实施,1997年各缔约方签署通过了《〈联合国气候变化框架公约〉京都议定书》[3],量化了各国的减排目标和具体减排时间表,并确定了三种国际间的温室气体减排合作方式。《联合国气候变化框架公约》以及《京都议定书》的签订,标志着人类社会的温室气体减排行动步入了新的阶段,这也给人类经济活动中各行业的运营带来了碳减排压力。

在人类的经济活动中工业活动消耗了绝大部分开采的化石燃料,是开展温室气体减排行动的重点领域。20世纪80年代后,电子行业因技术进步快、经济效益好等特点成为各国经济增长的重要推力,也是世界各国工业领域内的重点发展行业,其发展现状和增长趋势见表1.1。由该表可知,尽管2008年的全球性金融危机对电子行业产生了一定影响,导致在2009年全球电子行业的年增长率为负数,但在2010年后电子行业又进入了快速增长阶段。

表1.1 全球范围内电子行业发展现状及增长趋势[4]

Table 1.1 Current situation and rising tendency of global electronics industry

年份	市场规模/万亿美元	年增长率
2008	1.57	0.4%
2009	1.43	−8.9%
2010	1.62	13.1%
2011	1.74	7.8%
2012	1.89	8.2%

电子行业在为人类经济及社会的发展产生巨大效益的同时也带来了不容忽视的环境问题,主要包括:电子产品在零部件生产制造以及使用过程中消耗了大量的能源,从而排放出许多温室气体;电子产品的生产过程及回收处理过程中有可能产生有毒有害物质,进而对生态环境及人类健康带来不利影响。本书主要针对上述问题的第一个方面——电子行业碳排放问题开展研究。荆克迪等人[5]通过搜集行业能源使用数据计算出我国电子行业生产过程中的直接碳排放量,其结果表明2008年我国电子行业碳排放量为5 866.8万吨,比1997年的排放量822.3万吨增长了613.5%。Huang等人[6]从全生命周期角度分析了电子行业不同部门的碳排放问题,并指出电子行业各部门的供应链产生的间接碳排放量(即供应商的碳排放量)约占总排放量的40%～50%,而其生产及运营带来的直接碳排放量约占总排放量的20%～30%。王泽填等人[7]指出电子产品在使用过程中消耗了大量的能源从而增加了间接的碳排放量,在研究电子行

业碳排放问题时应从全生命周期的角度去考虑产品使用过程中的间接碳排放。Andrae 等人[8]认为电子产品在使用过程中产生的间接碳排放较为显著,例如,台式计算机和电视机在使用过程中产生的间接碳排放量约占产品全生命周期碳排放量的 50%~70%。据咨询公司 Gartner[9]的调查表明,如果将电子产品使用过程的碳足迹考虑在内,2007 年全球范围内 IT 行业一年总碳排放量在 6 亿吨左右,其中计算机、服务器和电子外设配件都属于碳排放大户。由上可知,尽管与钢铁等传统高能耗行业相比电子行业的直接碳排放量较低,但其供应链的间接碳排放和电子产品使用过程产生的间接碳排放极多,因此有必要从供应链以及全生命周期的角度研究电子行业如何实现供应链的低碳化。

基于上述背景,发达国家采取了种种措施并开展相关合作致力于降低电子行业的碳排放量。例如,多个国家和地区颁布了标识电子产品能效的相关法规,以期减少电子产品使用过程中的间接碳排放。欧盟于 1992 年颁布了能效标识法规(92/75EEC 能源效率标识导则),要求电子产品生产企业标出产品的能源效率等级、年耗电量等信息,以供消费者对不同产品的能耗性能进行比较及排序。同年,韩国对《合理利用能源法案》进行了修订,增加电子产品的能效标识内容。日本于 1998 年修订了节能法,对具体能耗产品的节能基准进行了规定。1999 年,澳大利亚建立了全国统一的能效标识制度,对 5 类产品实施强制性的能效标识。此外,各国针对电子行业碳排放量化及减排问题开展了合作。2009 年,隶属于国际电工委员会(International Electrotechnical Commission,IEC)的电气电子产品与系统的环境标准化技术委员会(IEC/TC 111)在以色列召开的会议上成立了温室气体特别工作组,17 个国家的相关组织成员加入其中,负责制定电气电子产品温室气体在减排方面的国际标准。2014 年 8 月,该组织正式制定并颁布了两项标准,分别为电气电子产品与系统温室气体排放量化方法分析(TR 62725)和基于基线的电气电子产品与系统温室气体减排量化导则(TR 62726),为电子行业提供量化产品全生命周期温室气体排放以及行业碳减排提供了指导和支持。

发达国家制定的相关法规对电子产品制造企业产生了重要的影响。在相关法规压力和消费者偏好的影响下,发达国家电子产品制造企业纷纷开展产品的节能减排设计,同时要求上游供应商提供节能环保的材料和元器件,因而电子行业的整体碳排放量明显下降。为此,各国政府首先颁布相关节能法规对电子产品制造企业提出减排要求,电子产品制造企业通过采取碳减排措施和进行产品生态设计等方式降低自身的碳排放量以及产品使用过程中产生的间接碳排放量;进一步地,电子产品制造企业要求供应链上下游企业开展节能减排行动,通过对供应商提出碳排放相关要求以及与上下游企业开展碳减排合作等措施减少了行业供应链的整体碳排放,这种环境管理的方式实现了电子行业供应链的低碳化[10]。实现供应链低碳化的关键路径包括两个步骤:首先是"外部主体驱动",即政府对供应链核心制造企业提出减排要求,促使产品制造企业开展碳减排行动;其次是"上下游影响",即供应链核心制造企业开展碳减排行动并影响上下游企业,通过联合减排合作等方式降低供应链整体的碳排放量。供应链低碳化实现的关键路径示意图如图1.1所示。

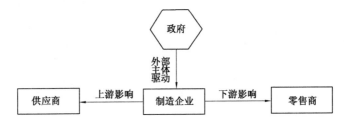

图1.1　供应链低碳化实现的关键路径示意图

Figure 1.1　Critical route of a low carbon supply chain

目前,我国电子行业已成为整个国民经济的基础性、战略性和支柱性产业。2013年,我国电子信息产业销售总额达12.4万亿元,超过全球IT支出比重的50%。其中,利润总额、行业收入和税金占工业总体比重分别达9.1%、6.6%和4.4%,并且利润总额和税金的增速分别高出工业平均增速水平8.9和7.1个百分点;电子信息产品的出口额达13 302亿美元,同比增长12.1%,占全国外贸出口比重的35.3%;全国规模以上的电子信息制造业利润总额达4 152亿元,同比增长21.1%。现阶段,我国已成为世界最大的电子产品制造基地及消费市场之一。2008~2013年,中国主要电子产品的产量统计见表1.2,其中手机、微型计算机和电视机的产量均为世界第一。

表1.2　2008~2013年中国主要电子产品产量统计表

Table 1.2　Statistics on major electronic products in China between 2008 and 2013

年度	洗衣机/万台	电冰箱/万台	空调/万台	手机/万台	微型计算机/万台	集成电路/亿块	电视机/万台
2008	4 231	4 757	8 307	55 469	14 703	417	9 033
2009	4 935	6 064	8 153	61 788	18 215	416	9 966
2010	6 208	7 546	11 220	100 389	24 585	653	11 938
2011	6 671	8 699	13 912	114 298	32 548	762	12 436
2012	6 742	8 427	13 281	118 160	35 419	830	13 971
2013	7 202	9 341	14 333	153 181	35 246	868	14 027

来源:根据《中国经济景气月报2009~2014》整理

与发达国家一样,我国电子行业在高速发展的同时产生了大量的温室气体,为降低电子行业的碳排放量,我国借鉴了日本、美国和欧盟等国家和地区的经验,颁布了若干相关法律法规及政策措施推动电子行业供应链低碳化的发展(表 1.3)。然而对供应链低碳化的管理尚属于较新的环境管理实践行动,我国政府和电子产品制造企业在供应链低碳化实施过程中遇到了种种障碍。首先,鉴于我国现状,政府对电子产品制造企业单独采取的强制性措施难以达到较好的供应链低碳化效果,同时需要制定合理的补贴等激励政策推动制造企业开展供应链低碳化的实践行动。此外,国家的相关法规也需要地方政府进行细则的完善并对电子产品制造企业进行监督。在此种情况下,政府应该如何科学制定节能环保补贴等激励政策?地方政府应如何开展相应的监督工作?在政府的强制性措施和鼓励性政策下,电子产品制造企业该如何行动?以上都是我国电子行业供应链低碳化实践中需要研究的问题。其次,在政府驱动核心制造企业采取供应链低碳化措施后,面对供应链上下游数目众多的供应商和零售商,制造企业应该如何施加影响来推动上下游企业采取节能减排措施以降低供应链整体的碳排放量?上述两方面都是研究我国电子行业供应链低碳化实现途径需要进一步深入研究的问题。

表 1.3　我国促进电子行业供应链低碳化的相关法律法规及政策措施

Table 1.3　Laws and policies for promoting a low carbon supply chain of electronics industry in China

法律法规及政策措施	主要内容	生效日期
节约能源法	推动全社会节约能源,提高能源利用效率,保护和改善环境,促进经济社会全面协调可持续发展	1998.1.1 施行
能源效率标识管理办法	规定家用电器类产品(空调、冰箱等)必须标识其能源效率等级,并进一步强制性规定低于一定能效等级的产品不允许生产和销售	2005.3.1 施行
可再生能源法	促进可再生能源的开发利用,增加能源供应,改善能源结构,保护环境,实现经济社会的可持续发展	2006.1.1 施行
气候变化国家评估报告	建立减缓气候变化的机制和制度,提出"低碳经济"发展道路,减少温室气体排放	2006.12 发布
中国应对气候变化国家方案	我国第一部应对气候变化的政策性文件,提出提高能效、建立低碳排放型社会	2007.6 颁布
中国的能源状况与政策白皮书	提出发展低碳经济作为促进能源建设与环境协调发展的重要措施	2007.12 发布

续表 1.3

法律法规及政策措施	主要内容	生效日期
循环经济促进法	提高资源使用效率,保护及改善环境,实现可持续发展	2009.1.1 实施
节能产品惠民工程	对能效等级1级或者2级以上的10大类节能低碳产品进行财政补贴	2009.7 执行
中国低碳经济年度发展报告(2011)	推出了适合中国国情的省域低碳经济竞争力指标体系,指出电子行业是我国低碳经济发展方向之一	2011.5 发布
"十二五"控制温室气体排放工作方案	我国国家级温室气体减排方案	2011.11 通过

基于此,本书采用博弈论、系统动力学、演化博弈、模糊层次分析法(Analytic Hierarchy Process,AHP)等理论及方法对我国背景下电子行业供应链低碳化实现途径的关键性问题展开深入研究,以期为我国政府和电子产品制造企业的供应链低碳化相关决策提供政策建议和方法支持。

1.1.2 研究意义

目前,供应链低碳化已经成为政府、电子产品制造企业以及学术界关注的重要课题,强调从整个供应链的角度进行驱动并降低供应链整体的碳排放量,是实现人类低碳经济发展的重要环境管理方式之一。电子行业作为我国国民经济的基础性、战略性和支柱性产业,对产业结构的调整和经济增长起到了巨大的作用,而供应链的低碳化会大幅度提升我国电子行业的可持续发展能力以及国际竞争力。本书的研究意义拟从理论意义及现实意义两个方面开展总结。

1. 理论意义

从学术价值贡献的角度来看,本书在总结归纳以往学者相关研究成果的基础上深化和扩展了供应链低碳化的研究,并为后续研究的内容、方向和方法提供了基础和借鉴。本书以电子行业作为研究对象,分析了实现供应链低碳化的两方面研究内容——政府驱动制造企业节能减排和制造企业影响供应链上下游企业开展供应链碳减排行动。通过博弈论、系统动力学、演化博弈理论和AHP等理论及方法对上述两方面内容展开深入研究,不但深化了供应链低碳化的理论内涵,同时丰富了供应链管理的理论内容。采用博弈论等相关方法研究供应链低碳化的国内外文献较少,同时也鲜有研究针对电子行业开展相关分析,本书可促使我国电子行业碳减排的实际情况与国外先进理论成果相结合。

首先,本书通过整理及分析国内外的相关文献,指出政府在驱动电子产品制造企业开展碳减排行动中的重要作用,并且明确了供应链核心制造企业是影响上下游企业开展碳减排行动的关键性角色。通过博弈论进行系统建模,本书探索了政府驱动制造企业过程中双方的行为策略,并进一步分析了该过程中政府与制造企业的关系,研究结果有助于实现电子行业供应链低碳化过程中政府和制造企业认识和理解各自的角色,同时为后续的供应链低碳化过程中政府与企业的博弈关系研究提供了基础。

此外,本书通过理论分析建立了电子行业低碳供应商的评价指标体系,同时采用 AHP 和目标规划(Goal Programming,GP)构建了电子产品制造企业的低碳供应商评价与选择模型。进一步采用博弈论对制造企业与供应链上下游企业合作碳减排的方式及效果开展定量研究。最后,本书使用博弈论等方法分析了供应链竞争对制造企业与零售商的合作碳减排产生的影响。文中内容可以为供应链低碳化过程中电子产品制造企业与上下游企业的合作与竞争关系的研究提供借鉴和科学依据。

2. 现实意义

从政府促进节能环保实践的角度来看,本书可以为我国政府推动电子行业供应链低碳化提供借鉴和参考。为减少人类工业活动带来的温室气体排放,我国借鉴发达国家的经验和措施先后颁布了《节约能源法》和《循环经济促进法》,这两部法律为推动工业行业的碳减排建立了法律框架。2005 年,我国颁布并实施了《能源效率标识管理办法》,通过立法加强对电子产品能耗及相应碳排放的控制。2009 年国家工业和信息化部、发展和改革委员会和财政部联合推广"节能产品惠民工程",对能效 1 级或 2 级以上的产品进行财政补贴,极大促进了节能低碳的电子产品在我国的推广。然而,推动电子行业降低碳排放量还需要针对性更强的法律法规以及相应的财政补贴等激励政策,并且需要对该过程中政府和电子行业供应链成员的角色及其存在的博弈关系开展进一步分析。本书的研究可以为政府制定促进我国电子行业供应链低碳化的政策提供参考和依据。

从电子行业的发展角度来看,20 世纪 80 年代以来我国电子行业的高速发展带来了严重的温室气体排放问题,降低电子行业的碳排放量是我国电子行业实现可持续发展的重要措施之一。电子产品制造企业在相关法律法规的压力下,面临碳减排的相关约束,且因消费者的低碳偏好以及政府的财政补贴政策可获得直接和间接的经济效益,上述因素都为电子产品制造企业开展供应链低碳化行动提供了动力。在此背景下,担任电子行业供应链低碳化过程中重要角色的制造企业应开展相关行动,发挥自身的影响作用推动供应链其他成员减少温室气体排放。本书的研究结论可为电子产品制造企业发挥自身影响力推动供应链上下游成员降低供应链生命周期的碳排放量提供科学依据和决策支持。

1.2 供应链低碳化研究述评

实现电子行业供应链低碳化的关键路径中包括两个重要步骤：首先是"外部主体驱动"，即政府等外部主体驱动供应链核心制造企业采取碳减排措施；其次是"上下游影响"，即核心制造企业开展碳减排行动后影响供应链上下游企业，通过合作碳减排等方式减少供应链整体的碳排放，相关文献综述也从这两方面开展评述。

1.2.1 外部驱动主体对制造企业的驱动研究评述

政府相关政策法规、供应链成员经济利益、消费者需求等因素共同驱动了电子制造企业实施供应链低碳化管理措施。本节通过对以往的国内外文献进行分类和总结，进一步对供应链低碳化中外部驱动主体对制造企业的驱动作用展开理论分析。

1. 国外研究

国外关于供应链低碳化中外部驱动主体对制造企业的驱动研究主要包括三个方面：一是政府的驱动作用研究；二是其他驱动主体的驱动作用研究；三是在特定阶段政府对制造企业采取激励性措施的必要性研究。

（1）政府的驱动作用研究。

政府是驱动制造企业采取节能减排措施、实现供应链低碳化的重要驱动主体，Liu[11]、Du 等人[12]均指出政府的监督作用对制造企业实施节能减排行动产生了重要影响。例如，1992 年欧盟委员会颁布了能效标识法规（92/75/EEC 能源效率标识），要求家电类产品（空调、冰箱、洗衣机等）制造企业需要在其产品上标示出能源效率等级、年能耗量等信息，使消费者能够对不同产品的能效性能进行排序与比较，进而引导消费者购买能效较高的低碳产品。澳大利亚于 1999 年实施了全国统一的能效标识制度，规定特定家电类产品（冰箱、空调、洗衣机等）制造企业需要向澳大利亚温室气体办公室注册其产品的能效信息。

21 世纪以来，随着低碳经济的不断发展，政府的相关碳排放政策也成为制造企业采取节能减排行动、降低供应链碳排放量的重要驱动因素。Benjaafar 等人[13]在简单供应链系统中考虑了碳排放的相关因素，通过建立严格的碳排放限额、碳税、碳限额及交易和碳抵消四种类型的模型，分析了政府的不同政策对供应链系统碳排放产生的影响，进一步为供应链低碳化运作提供了借鉴意义。目前,国际上较为通用的碳排放政策包括碳税政策和碳排放交易政策,本节也从这两方面分析政府政策的作用。

① 碳税政策。

碳税(也称能源税)实质上是一种庇古税,其目的是解决温室气体排放的外部不经济性问题,即通过使边际私人收益与边际社会收益相等、边际私人成本与边际社会成本相等,从而达到降低碳排放和治理污染的目的[14]。Anmad等人[15]指出,碳税作为一种有效地控制温室气体排放的政府政策,其源自于经济以及社会活动对温室气体减排的内在需求,并且征收碳税拥有较好的理论基础,同时不需要较为激进的社会、经济和政治上的变革。碳税是一种对经济系统影响相对较小并且能有效减少碳排放的政策工具,如果在征收碳税时可以相应减少企业的其他税费,则可以降低因征收碳税而对企业的竞争力产生的不利影响。

2006年,Nagurney等人[16]首先将碳税政策引入到了供应链之中,建立了三种税收模型对电力供应链系统产生的碳排放进行征税,并分析了不同的碳税政策对该供应链的成本及利润产生的影响,为政策制定者以及供应链成员的决策提供依据。Choi[17]认为政府的碳税政策会对时装行业的供应链结构产生显著影响,在该政策下零售商倾向于选择本地的供应商,并且该政策可以降低零售商的风险水平。Fahimnia等人[18]首次将碳税政策应用到了闭环供应链模型中,该研究采用了澳大利亚某公司的实际数据,通过建立供应链优化模型探索碳减排目标与供应链利润之间的平衡,并指出为保证供应链的低碳化,政府在收取碳税的同时应对闭环供应链成员的减排行为给予适当补贴。2013年,Choi[19]建立了包括制造商和零售商在内的二级供应链模型,研究政府的碳税政策分别在批发价格契约和价格补贴契约下对供应链成员决策以及各自的利润带来的影响。同年,Choi[20]在引入政府碳税政策的基础上构建了流行时装行业供应链的动态规划模型,并分析了该税收政策对供应链碳减排效果以及零售商的决策产生的作用。

② 碳排放交易政策。

碳排放交易政策来源于Coase定理的产权理论。Coase[21]在其著作《社会成本问题》中指出,"庇古税"会提高政府治理污染的成本,通过界定产权和进行市场交易能够很好地解决经济行为外部性的问题。进一步地,碳排放交易政策则是通过设定二氧化碳等温室气体排放总量的上限,人为地将二氧化碳排放变为稀缺性资源,具体的碳排放源以特定方式获得初始的碳排放配额,企业可以根据自身的收益和碳减排的相关成本情况在碳交易市场上交易碳排放权,减排成本相对较低、能够超额完成减排目标的企业可以选择出售剩余的碳排放配额以获取额外利润；同时，碳减排成本相对较高的企业也可以通过购买额外的碳排放配额，从而降低其为达到碳减排目标所需要的成本，最终实现降低整体碳减排成本的目的。作为碳排放交易政策方面的领先者，2005 年以来欧盟全面实施了温室气体排放配额交易机制(European Union Emissions Trading Scheme, EU—ETS)。该系统有着成熟的交易规则，通过严格规定特定领域内的装置的温室气体排放，并允许碳减排的相关补贴进入交易市场，进一步制定了欧盟区域内适用的温室气体排放交易方案，进而达到减少欧盟各国温室气体排放的目的。

目前，国际上众多学者都开展了相关研究，分析碳排放交易政策对供应链整体碳排放产生的影响[22]。Ramudhin 等人[23]考虑在碳交易制度的基础上对供应链进行整体的网络设计，通过构建混合整数规划模型确定供应商选择、产品分配、产量制定和运输方式等决策目标及其对供应链整体碳排放产生的影响，为决策者进行物流成本及整体碳排放目标的优化提供决策支持。Giarola 等人[24]考虑了市场的不确定性以及碳排放交易政策的因素，通过建立混合整数线性规划模型确定了供应链的结构，并对供应链的经济绩效以及环境绩效开展分析。Song 等人[25]研究了包括碳限额交易在内的多项碳政策对单周期供应链中制造企业决策产生的影响。Chaabane 等人[26]从生命周期的视角构建供应链的混合整数规划模型，探索了决策者在供应链的经济目标以及环境目标之间的权衡过程，并指出为达到供应链环境方面的碳减排目标，现有的法律和碳交易机制需进一步加强和改善。Du 等人[12,27]建立了存在制造商和排放许可供应商在内的二级供应链系统，探讨了"碳限额及交易"机制对供应链成员的生产决策、社会福利以及供应链温室气体排放带来的影响，并指出在碳限额的政策下制造企业的利润提升且碳排放许可供应商的利润下降。Zhang 等人[28]在碳限额及交易机制下研究了多产品生产计划问题，并进一步分析了碳税政策和碳限额及交易政策的效率问题。Jaber 等人[29]结合温室气体排放配额交易机制构建了存在制造商和零售商的二级供应链系统，并探讨不同的碳交易机制对供应链运作带来的影响，为相关决策者最小化供应链温室气体排放成本提供了决策依据。Diabat 等人[30]将碳限额及交易政策纳入闭环供应链的研究之中，分析了再制造产品供应链中制造工厂选址问题以及相应过程带来的整体碳排放，为企业进行闭环供应链的设计提供了决策支持。

(2) 其他驱动主体的驱动作用研究。

20 世纪 60 年代环保运动兴起以来，环保主义消费者与日增加，相关的节能环保产品的市场需求也不断提升，这种市场机遇与市场需求的预期也逐渐成为驱动制造企业采取节能减排行动的重要因素之一。Chitra[31]、Liu 等人[11, 32]、Bocken[33]、Shuai 等人[34]的研究均指出消费者的低碳环保偏好以及相应的市场需求会促进制造企业开展碳减排行动,进而生产低碳环保的产品。

20 世纪末,国外一些学者意识到企业的价值观与战略、关键客户的要求、环保 NGO、媒体等因素也是促使制造企业采取节能减排行动的重要影响因素。例如,IBM 公司较早地关注了供应链碳排放问题,并将供应链碳足迹管理纳入到了企业的战略之中[35]。此外,沃尔玛作为关键客户,其对上游产品制造商碳排放相关的要求是促进制造商进行节能减排的重要动力之一[36-38]。Zhu 等人[39]则认为来自环保 NGO 和媒体的压力是驱动制造企业采取节能减排措施的重要因素。

21 世纪以来,国外学者逐渐意识到金融市场对制造企业节能减排的重要驱动作用。1992 年在《京都议定书》的框架中提出了三种碳排放交易机制,依次为清洁发展机制(Clean Development Mechanism,CDM)、国际排放权贸易机制(International Emissions Trading, IET)和联合履约机制(Joint Implementation,JI),分别对应了不同的碳排放交易市场。目前,随着各国碳减排实践的深入,上述碳交易金融市场也在不断发展壮大,涉及的碳交易金额逐年提升,逐渐成为制造企业实施碳减排措施的最重要原因之一[40]。

(3) 在特定阶段政府对制造企业采取激励性措施的必要性研究。

目前,国外学者意识到政府需要对制造企业采取税收优惠、补贴等激励性措施,进一步驱动制造企业实施碳减排措施,并且该情况在发展中国家更为明显。Yalabik 人等[41]比较了消费者、市场竞争和政府法规对制造企业节能环保投资水平的影响作用。该研究结果表明,在某些情况下政府实施税收优惠、补贴等激励措施更有利于制造企业开展节能减排等环保行动,相反在一些情况下政府对企业施加压力难以推动制造企业的环保实践。Zhu 等人[42]通过问卷调查的方法研究了我国制造企业实施节能减排措施、降低碳排放量的驱动因素和制约因素,指出政府补贴和税收优惠是解决制造企业缺乏采取节能减排措施的动力的关键性因素。Liu[43]建立了影响企业碳排放的系统动力学模型,其结果表明政府补贴、国际规则的压力以及企业对社会责任的意识会显著影响企业的碳足迹,并且政府法规、消费者意识、公司规模大小等因素也会对企业碳排放产生影响,但程度相对较低。Markman 等人[44]从利益相关者的角度出发,通过案例分析研究了政府和消费者两个利益相关者对制造企业采取节能减排措施的促进作用,并认为政府补贴会显著影响企业决策者的相关决定。

2. 国内研究

近年来,国内学者逐渐意识到政府是制造企业采取供应链低碳化措施最主要的驱动主体,其相关研究主要集中在:政府驱动制造企业过程中考虑消费者低碳偏好的必要性研究;供应链低碳化过程中政府和制造企业的博弈关系研究。

(1) 政府驱动制造企业过程中考虑消费者低碳偏好的必要性研究。

在政府对制造企业碳减排行动进行规制和激励的过程中,如果消费者相关的环保意识和低碳偏好不够,那么市场对低碳产品的需求不高,制造企业有可能没有动力实施供应链低碳化。例如,2004 年我国《能源效率标识管理办法》颁布后,政府开始通过采取强制性措施使家电类生产企业将能效标识标注在其产品上。然而在 2007 年经调查显示,虽然高达 83% 的消费者听说过能效标识,但是很少有消费者真正明白其意义、作用和使用方法,消费者在选择产品的时候还是以品牌作为主要的选择标准[45]。基于此,近年来国内学术界关于消费者对制造企业节能减排方面的促进作用开展了相关研究,众多学者经研究指出消费者的低碳偏好在驱动制造企业采取节能减排措施方面发挥着重要作用。

2011 年,庞晶等人[46]在考虑二元价值结构的产品和超越基本价值的消费偏好的基础上构建了低碳产品效用函数,并根据此效用函数构建了低碳产品的需求函数。其研究结果表明,消费者的收入因素和低碳产品的环境价值置信度因素与消费者的支付意愿程度呈正相关关系,同时低碳产品的碳减排量与该产品的需求价格也呈正相关关系。2012 年,王秀村等人[47]通过实证研究构建低碳产品消费行为影响因素的概念模型,验证了功能性价值认知和低碳信念可以显著影响消费者对环保低碳家电的态度和购买意愿,并进一步分析了低碳信念和功能性价值认知对低碳环保家电购买意图的作用路径,发现消费者对于低碳家电产品的态度在其中起到了重要的作用。徐丹[48]运用统计分析的相关方法对消费者低碳家电产品的购买行为开展研究,集中分析了知觉行为控制、消费者态度和主观规范三个因素对消费者对于低碳产品的支付意愿程度的影响效果,同时以购买经历作为调节变量研究其调节效用。马秋卓等人[49]在考虑消费者对低碳产品不同偏好的基础上构建了配额交易体系的企业决策模型,具体分析了在给定的碳排放配额、碳交易价格以及市场上消费者具有低碳偏好的情况下,企业如何确定其低碳产品的最优价格和生产周期内的碳排放总量以达到利润最大化的目的,并探索了碳减排成本、企业产品定价和目标碳排放间的关系。梁喜[50]通过将碳减排水平参数引入到需求函数之中,使用博弈论相关方法分析二级供应链中消费者低碳偏好对需求的影响以及制造企业在实施节能减排技术方面的决策过程。其结果表明,制造企业的低碳决策受到零售商销售成本和消费者低碳产品需求的影响,并且在满足一定条件时,制造企业与零售商进行联合技术创新减排的情况下制造企业与零售商的利润和价格高于不联合技术创新的情形,其中零售商的成本是关键性因素。马秋卓等人[51]构建了由多个市场、多个供应商和多个制造商组成的三级供应链系统,在考虑消费者低碳偏好影响市场需求的基础上分析了超网络模型中各决策者达到均衡时企业的最优产量决策及产品定价问题,并进一步分析了存在和不存在碳交易市场情况下供应链成员以及整个系统的绩效,为政府相关决策提供了决策支持。

(2) 供应链低碳化过程中政府和制造企业的博弈关系研究。

近年来,国内学者逐渐认识到政府在推动制造企业节能减排工作方面的重要作用,并就政府对制造企业开展节能减排监管的必要性开展相关分析。朱庆华等人[52]在分析地方政府及制造企业不同策略的收益和成本基础上,通过使用系统动力学方法构建地方政府和制造企业间的演化博弈模型,并分析了政府监管及惩罚策略在推动制造企业采取碳减排措施方面的必要性。高凤华[53]构建了政府促进企业采用低碳技术的规制模型,在分析影响因素的基础上对制造企业在政府规制下的决策行为开展博弈研究,并进一步指出政府规制是影响企业运用低碳物流技术的重要影响因素。谭娟[54]通过计量经济模型实证分析了政府的环境规制对低碳经济发展的影响机理,从区域、总量和产业结构三个层面建立政府环境规制与低碳经济间的动态模型,其结果表明低碳经济发展中需要通过政府的环境规制以激励政府、消费者和企业的主体作用来推动低碳经济的发展。何丽红等人[55]以政府和低碳供应链上的核心企业为博弈主体构建了动态进化博弈模型,通过分析核心企业和政府不同策略下的收益和成本,得出了政府监管策略的进化稳定策略,并进一步阐明了政府监管的必要性。

众多学者使用博弈论的相关方法构建了政府和制造企业之间的博弈模型,为政府更好地激励制造企业采取节能减排措施提供了决策支持。张保银等人[56]建立了政府和制造企业在信息不对称情况下的监督和激励模型,分析政府和制造企业如何订立优化合约以及政府如何选择有效的监督力度和方式,其分析结果为政府推动制造企业采取减排策略提供了理论支持。朱庆华等人[57]在考虑政府补贴政策的基础上建立了政府和制造企业的三阶段博弈模型,在博弈的三个阶段分别确定政府的补贴水平、企业产品的节能环保水平以及产品的最终市场价格,并通过数值仿真讨论各参数对系统的影响,为政府和制造企业的决策提供了指导。张国兴等人[58]考虑政府对企业节能减排行动进行补贴的情况下建立了政府补贴政策与企业的博弈模型,并分析了双方策略的影响因素和选择机制,其结果表明,此模型有市场完全成功、部分成功和完全失败三种均衡模式,并且期望风险成本和作假的伪装成本会影响市场的均衡效率,因此进一步提出提高检查效率、细化政策和标准、建立基础性数据库等建议。于维生等人[59]建立了政府和制造企业三阶段的博弈模型以探究碳税在我国现阶段经济发展中的适用性,分析了碳税政策的方式选择和可行性问题,进一步指出现阶段碳税政策应采取差异化碳税形式,并且政府应加大对企业低碳技术创新的财政支持力度。代应等人[60]构建了制造企业和环境监测部门在不同策略下的收益及成本模型,进一步分析了制造企业和环境检测部门在节能减排技术改造过程中的博弈过程。

此外,一部分学者采用博弈论方法定量研究了在推动节能减排工作中政府、制造企业和消费者等相关主体间的博弈关系。付丽苹[61]采用实证研究方法识别了我国发展低碳经济的行为主体并将其进行了合理定位,从政府、制造企业和消费者的目标函数以及价值取向出发研究其博弈关系,进一步探索在共同治理碳排放问题上各主体的 Nash 均衡条件以及最优策略组合。崔和瑞等人[62]通过引入三螺旋理论体系创建了政府、制造企业和高校关于低碳技术创新合作的博弈模型,分析了其合作方式的内在关系以及存在的问题,为政府推动低碳技术的发展提供决策支持。刘倩等人[63]在考虑消费者行为策略对不同博弈主体影响的基础上建立了存在中央政府、地方政府和供应链三方的动态博弈模型,分析了供应链环境成本内部化过程中各利益相关者策略选择间的影响关系以及各博弈主体的 Nash 均衡策略,进一步提出了促进供应链低碳成本内部化的政策建议。

3. 国内外研究评述

表 1.4 对国内外供应链低碳化中驱动主体对制造企业的驱动作用研究进行了汇总。

通过对国内外相关文献的综述研究分析可以得出,政府的管制和激励措施是制造企业开展节能减排行为最重要的驱动因素,同时消费者的低碳偏好、金融市场、环保 NGO 和关键客户等也可以驱使制造企业采取节能减排措施。目前,国内外学者在驱动主体驱动制造企业采取节能减排行动的研究方面开展了有益探索,但其研究以及应用的过程仍存在一定的局限性,具体表现如下:

第一,现阶段法规及政策是驱动制造企业开展节能减排行动的主要措施。相应地,政府如何科学地制定相关政策以推动制造企业开展减排行动,需要进一步开展研究。

第二,在政府激励制造企业节能减排的过程之中,双方存在信息不对称以及政府的激励措施存在随着时间而发生演变的特点,因此需要结合这些问题和特点对政府激励过程中双方的行为特征进行深入研究。

第三,其他驱动主体(消费者、金融市场等)对制造企业碳减排行动的驱动作用,需要进一步开展分析。

表 1.4 驱动主体驱动制造企业节能减排研究汇总

Table 1.4 The summary of research on subjects driving producers for energy conservation and emission reduction

序号	研究内容	代表性文献
1	政府是驱动制造企业节能减排的重要驱动因素	Liu[11],Du 等人[12],Chaabane 等人[26]
2	消费者能够驱动制造企业开展节能减排行动	Chitra[31],Bocken 等人[33],Shuai 等人[34]
3	环保 NGO 可以驱动制造企业开展节能减排行动	Haigh 等人[64]
4	关键客户能够驱动制造企业开展节能减排行动	Hoffman[36] 和 Birchall[38]
5	金融市场能够驱动制造企业开展节能减排行动	Watts 等人[40]
6	媒体可以驱动制造企业开展节能减排行动	Zhu 等人[39]
7	企业价值观可以驱动制造企业开展节能减排行动	IBM[35]
8	政府驱动制造企业过程中应当考虑消费者的低碳偏好	王秀村等人[47],徐丹[48],马秋卓等人[49, 51]
9	政府的激励及监督能够促进制造企业采取节能减排措施	朱庆华等人[52],张保银等人[56],张国兴等人[58],崔和瑞等人[62]

1.2.2 制造企业对上下游企业的影响研究评述

制造企业对供应链中企业影响的内容包括对上游供应商的影响作用和对下游零售商的影响作用,本书也从这两个方面对国内外的相关研究进行总结。

1. 国外研究

(1) 制造企业对上游供应商的影响。

国外关于供应链低碳化中制造企业对上游供应商的影响作用研究主要包括两个方面:一是供应链中低碳供应商的选择研究;二是供应链中制造企业与供应商的合作碳减排研究。

① 供应链中低碳供应商的选择研究。

根据国外机构的调查结果显示,在考察企业的供应链碳排放时,只有19%的温室气体排放来自于该企业的直接运营活动,而高达81%的温室气体排放为供应链其他成员运行产生的间接排放,如供应商的碳排放、企业购买电力的间接排放等[65]。在此背景下,选择适宜的供应商对减少企业间接碳排放以及所在供应链的整体碳排放起到了至关重要的作用。21世纪以来,部分学者将碳排放量纳入到了供应商的选择标准之中,并开展了相关研究。

Lee[66]通过案例研究分析了韩国某汽车制造企业的供应链碳排放管理过程,研究表明供应商的碳排放对供应链碳排放产生了重要影响,是企业进行供应商选择的重要标准之一。Hsu等人[67]研究了电子制造企业低碳供应商的选择标准,并采用了决策试验和评价实验室(Decision-Making Trial and Evaluation Laboratory,DEMATEL)方法分析这些选择标准之间的因果关系,其结果表明碳排放信息的管理系统以及碳排放管理的相关培训是考量上游供应商是否低碳的重要标准,进而为企业进行低碳供应商的选择决策提供了支持。Dou等人[68]将碳排放管理因素纳入到绿色供应商的选择标准之中,在综合考虑供应商传统的运营因素、环境因素以及碳排放因素的基础上,采用灰数DEMATEL方法分析了各因素之间的因果关系,为供应商的评价与开发提供决策依据。Shaw等人[69]建立了低碳供应商的选择模型,并使用模糊AHP对供应商的选择标准开展了分析。

另外有一些学者在供应链优化设计的过程中考虑了供应商的碳排放问题,以降低供应链的整体碳排放为目标对供应商的选择开展研究。Diabat等人[70]构建了新型的混合整数规划模型(Mixed Integer Programming,MIP),进一步分析如何选择供应商以满足碳排放约束的同时使成本最小化。Palak等人[71]建立了批量经济模型对供应链进行优化设计,并研究了碳限额、碳税、碳限额及交易和碳抵消四种不同的碳排放调控机制对企业的供应商选择决策以及整体的碳排放产生的影响。Harris等人[72]在考虑运输过程碳排放的基础上建立了供应链物流优化模型,通过具体案例分析汽车制造企业如何选择供应商以降低供应链物流过程的碳排放,其研究指出成本最小化的物流设计方案不一定能够达到供应链碳排放最小化的目的,因此在供应链物流的优化设计过程中需要综合考虑经济和环境方面的目标。Ramudhin等人[23]以钢铁企业为背景,在考虑碳排放交易机制的情况下建立了供应链设计的多目标混合整数线性规划模型,为企业决策者如何在成本、碳排放措施、碳交易收益和碳约束方面的权衡过程提供决策支持。Choi[20]在考虑碳税政策的基础上通过构建多阶段随机动态规划模型研究了时装企业的供应商选择问题,为企业应对碳税政策、降低碳排放的决策提供依据。Zhang等人[73]在考虑成本、供应链碳排放和供应商交付周期等因素的基础上建立了多目标优化模型,并通过陶氏化学公司的具体数据研究企业决策者如何选择供应商以及针对不同目标的权衡过程。

② 供应链中制造企业与供应商的合作碳减排研究。

供应链低碳化过程中,制造企业与上游供应商在节能减排领域的合作也是降低供应链碳排放的重要途径之一[33],国外学者针对此方面内容进行了探索。例如,Zhou 等人[74]研究了供应链中制造企业与上游供应商在低碳技术方面的联合研发投资问题。Zhang 等人[10]采用问卷调查的方法研究了供应链中制造企业和上游供应商进行合作碳减排的驱动因素和障碍因素,其结果表明供应链中其他利益相关者对碳减排的要求是驱动碳减排合作的关键性因素,而缺少相应的基础设施以及合作机制则是阻碍供应链企业进行碳减排合作的主要原因。Tate 等人[75,76]从交易成本经济学以及制度理论的角度分析了供应商实施碳减排措施的原因,并指出供应商与制造商的碳减排合作是未来的减排发展方向之一。Lukas 等人[77]建立了供应链中制造商和上游供应商联合碳减排投资的博弈模型,并就在该过程中如何提高供应链的经济和环境效益提出了相关建议。Du 等人[78]建立了包含供应商和制造商在内的供应链博弈模型,并研究了供应链的协调机制以确定产品的节能环保水平和供应链成员的利润。Abdallah 等人[79]在考虑碳排放交易机制的情况下构建了供应链的混合整数规划模型,研究了企业的绿色采购决策以及相关合作对供应链碳排放的影响。

(2) 制造企业对下游零售商的影响。

一些学者从供应链制造企业和下游零售商碳减排的合作角度开展了分析。Ji 等人[80]分析了产品的生产过程、运输过程和使用过程中潜在的碳减排领域,进而指出零售商与供应链上游制造企业的碳减排合作是降低供应链排放的重要途径之一。Styles 等人[81]经调研发现,目前欧洲的零售商逐渐意识到其有责任减少产品的供应链环境影响,并且积极的零售商已和上游供应商关于产品环境方面的改善开展了合作。在考虑政府补贴的基础上,Huang 等人[82]采用博弈论方法建立了包括制造商和零售商在内的供应链博弈模型,并探讨政府补贴政策的制定方式对供应链成员博弈的过程、协调合作机制的建立以及整个供应链碳排放带来的影响,为政府合理制定相应的政策提供了决策支持。Xia 等人[83]通过使用博弈论建立存在权力非对称情况下的制造商和零售商的博弈模型,同时考虑碳排放交易机制对供应链成员的博弈过程的影响效果,进一步设计了不同情况下的供应链旁支付自执行契约以协调供应链成员的利润,并探讨该契约对供应链碳减排带来的积极作用。Jaber 等人[29]建立了供应链博弈模型及相应的协调机制,分析了不同碳交易机制对制造商和零售商之间的合作碳减排成本以及最终效果产生的影响。Hu 等人[84]建立了供应链中以制造商为领导者、零售商为追随者的斯塔克伯格(Stackelberg)博弈模型,在碳交易背景下探索了制造商和零售商联合碳减排决策及定价决策,并建立了决策支持系统(Decision

Support System,DSS)为制造商和零售商的决策优化提供了有效的决策工具。Ghosh 等人[85]通过采用两份收费契约对存在制造商和零售商的供应链进行协调,并分析了制造商和零售商实施该契约对产品的碳减排水平以及各自的利润带来的影响。Mafakheri 等人[86]建立了系统动力学模型,模拟了供应链中制造商和零售商的博弈过程,并开发了收益共享契约对供应链制造商和零售商决策进行协调并降低供应链的碳排放量。

另一方面,部分学者考虑了制造企业在供应链低碳化过程中的零售商选择问题,并以供应链碳排放最小化为目标开展供应链网络的设计优化[87]。例如,Cachon[88]研究了供应链中零售商的选址问题,其研究结果显示如果决策者以供应链的运营成本最小化为目标,那么供应链的整体碳排放就会有大幅度的提升,而碳交易机制可有效降低供应链的碳排放。Fahimnia 等人[89]采用实际数据建立了供应链优化模型,并探讨了零售商的选择和碳交易价格对供应链整体的运营成本及碳排放产生的作用效果。MacCarthy 等人[90]建立了时装供应链网络规划模型,并且比较了不同类型的零售商在供应链环境绩效以及经济绩效方面起到的影响作用。Validi 等人[91]构建多目标混合整数规划模型,分析了碳排放最小化的供应链结构,并且采用 TOPSIS 方法对不同的解决方案开展比较并选择最佳方案,为企业的相关决策提供了工具支持。Savino 等人[92]建立了供应链运输优化模型,并探讨了降低供应链碳排放的潜在机会。

2. 国内研究

(1)制造企业对上游供应商的影响。

国内一些学者对制造企业供应链低碳化过程中低碳供应商的选择开展了研究。程发新等人[93]认为制造企业实现供应链低碳化中需要解决的首要问题是选择低碳的供应商,其研究考虑到供应商的评价具备复杂性和模糊性的特点,并且供应商碳排放信息获取的难度较大,基于共识决策模型并使用残缺语言偏好建立了低碳供应商选择的决策方法。喻钺[94]在绿色供应商的选择指标中考虑了碳排放的因素,采用 AHP 分析不同指标的权重对供应商进行选择。蔡岳[95]建立了以产品采购为目标,同时以产品质量、碳排放和交货周期为约束条件的多目标混合整数规划模型,进而分析了碳排放对企业优化采购决策带来的影响。

另外有部分学者就供应链低碳化中制造商和上游供应商碳减排方面的合作进行了分析。例如,夏良杰等人[96,97]考虑了碳排放约束和碳交易机制的因素对制造企业和供应商间的碳减排博弈进行了分析,并探索了转移支付契约对合作碳减排的影响,其结果表明该契约能有效减少供应链整体的碳排放量,并且在该契约下的联合碳减排能够实现供应链成员利润的帕累托最优。谢鑫鹏等人[98]

建立了经济主体的主从博弈模型,通过设定产品碳排放量以及碳排放上限函数探索了制造商和供应商的博弈过程,进一步设计供应链契约协调成员的利润。吴义生[99]采用协同理论研究了供应链中制造商和供应商节能减排合作的系统演化问题,并运用协同效应原理分析了供应链成员协同合作的运作规律。王芹鹏等人[100]研究了面对具有低碳偏好的消费市场供应链上下游企业的联合投资碳减排策略与行为,同时采用了演化博弈理论对供应链上下游企业群体行为的演化稳定策略展开分析,结果表明碳减排投资系数和下游企业分摊碳减排投资成本比例的不同会对系统的均衡产生影响。李昊等人[101]通过仿真分析了碳排放交易机制中不同方式对供应链企业运营及合作碳减排决策产生的影响。王春晖[102]根据供应链中供应商及制造商组织运作方式的不同将其分为独立低碳供应链、半合作低碳供应链和合作低碳供应链三种类型,分析并比较了不同类型供应链中成员的收益以及产品的碳足迹,结果表明合作低碳供应链和半合作低碳供应链可实现供应链的协调。吕金鑫[103]采用博弈论建模方法研究了供应链上下游企业实施整体低碳化策略和实施分散碳减排策略时,供应链利润、产品的碳减排量以及消费者剩余等方面的差异,并探索了边际减排成本、碳价格等因素对供应链企业决策的影响。

(2) 制造企业对下游零售商的影响。

供应链中制造企业与下游零售商碳减排的合作作为实现供应链低碳化的措施之一,近年来已有国内学者展开相应研究。谢鑫鹏等人[104]基于清洁发展机制(Clean Development Mechanism,CDM)建立了大型制造企业和下游零售商的碳减排决策博弈模型,并使用博弈论和新古典经济学的方法分析合作碳减排对利润和最终碳减排效果带来的影响作用,为企业合理制定碳减排决策提供了支持。李媛等人[105]研究了两份定价契约的低碳供应链协调问题,分情况讨论零售商是否具有公平偏好对供应链成员的收益及碳减排效果产生的影响作用,其研究发现仅制造商具有公平偏好时该契约才能够实现供应链利润的协调,而制造商和零售商都具有公平偏好时则不一定能实现利润的协调。赵道致等人[106]研究了制造企业碳减排和零售商进行推广相结合的联合碳减排模式,并得到了该模式下零售商最优的推广水平和制造企业最佳的碳减排水平,其结果表明与分散决策相比该联合碳减排模式能够提升制造企业和零售商的利润以及产品的碳减排水平。王芹鹏等人[107]采用微分博弈理论,分析了合作、不合作及成本分担三个契约对供应链成员决策带来的影响,其研究发现在合作契约时制造商的碳减排水平和零售商的促销水平最高,并且在一定条件下该契约能够协调供应链成员的利润。徐春秋等人[108]以供应链中双寡头制造商和一个零售商组成的供应链系统为研究对象,分析了普通产品和低碳产品的差异化定价问题,同时使用Shapley值方法对供应链进行协调。

此外,一些学者研究了制造企业下游零售商的选址问题,从低碳视角出发对供应链网络开展优化。姚漫等人[109]考虑了由零售商、制造企业和市场组成的两级供应链双渠道交易网络结构,结合五种交易方式建立包括整体碳排放最小化在内的多目标网络优化模型,进而探索了碳排放因素对供应链中产品交易量及交易方式选择的影响。戴卓等人[110]构建了多目标的低碳闭环供应链网络优化模型,以最小化成本和供应链碳排放为目标,采用ε约束法与遗传算法结合的方法计算双目标下的帕累托非劣最优解。施洪涛[111]综合采用多目标规划及混合整数规划的方法建立基于不同碳政策下的供应链网络优化模型,从成本、整体碳排放及零售商的选择三个方面综合考虑了碳约束对供应链中企业运营环节带来的影响作用。张学强[112]以供应链网络的经济绩效和环境绩效为目标建立了双目标规划模型,考虑了零售商的选择、碳减排投资的优化配置及运输选择等问题,进一步讨论了碳减排投资的配置和碳排放约束对供应链结构和节点企业产生的影响。何家强[113]考虑了碳排放因素,构建了供应链低碳化多源选址-路径-库存集成问题模型,为企业决策者关于供应链低碳化运作提供了决策依据。

3. 国内外研究评述

表1.5总结了制造企业对供应链上下游企业影响的国内外研究成果。

表1.5 制造企业影响供应链上下游企业的研究汇总

Table 1.5　The summary of research about impacts on upstream and downstream firms in supply chain

序号	研究内容	代表性文献
1	将低碳因素纳入到供应商的选择标准中	Shaw等人[69]、Dou等人[68]、程发新等人[93]
2	选择适宜的低碳供应商可降低供应链整体的碳排放	Palak等人[71]、Harris等人[72]、Zhang等人[73]
3	制造企业可通过对低碳产品的采购行为推动供应商节能减排行为	Lee[66]、Hsu等人[67]
4	制造企业和供应商在碳减排领域的合作是实现供应链低碳化的重要途径	Bocken等人[33]、Lukas等人[77]、夏良杰等人[96,97]、谢鑫鹏等人[98]、王芹鹏等人[100]
5	供应链中核心制造企业可推动下游零售商采取碳减排措施	Bocken等人[33]、Styles等人[81]

续表 1.5

序号	研究内容	代表性文献
6	制造企业与下游零售商碳减排的相关合作可减少供应链的碳排放	Ji 等人[80]、Hu 等人[84]、Ghosh 等人[85]、Mafakheri 等人[86]、李媛等人[105]
7	开展供应链网络优化设计、选择适宜的零售商是实现供应链低碳化的方法之一	Cachon[88]、Fahimnia 等人[89]、MacCarthy 等人[90]、戴卓等人[110]

通过对上述文献的总结归纳,制造企业对供应链上下游企业的影响作用研究主要集中在低碳供应商的开发与选择研究、制造企业与上游供应商和下游零售商在碳减排方面的合作研究及制造企业通过低碳供应链网络优化设计选择相应低碳供应商和零售商的研究。

尽管上述国内外文献对制造企业影响供应链上下游企业节能减排行为的作用开展了有益的探索,并为后续学者的研究提供了借鉴,然而在其研究内容及方法上还存在一定的局限性,具体表现为:

第一,制造企业对低碳供应商的评价指标及选择方法需要进一步开展研究。目前的研究多从指标的相对重要性角度评价低碳供应商的选择标准,但如何结合低碳供应商的评价指标来指导企业进行低碳产品采购以降低供应链整体碳排放,还需要进行深入探讨。

第二,制造企业与供应链上下游企业的合作碳减排方式需要深入研究。国内外学者在对制造企业与供应商及零售商的合作碳减排方式进行研究时,多从供应链成员的自身措施和利益角度开展分析,仅有较少文献中考虑了供应链上下游企业的联合碳减排投资及其对供应链碳排放的影响。

第三,低碳供应链网络设计优化方面需要进一步研究。包括对供应商的选择、零售商的选址、制造企业生产方式的确定及物流设计等方面。

1.2.3 本节小结

本节中分别从政府对制造企业碳减排的驱动作用和制造企业对供应链上下游企业的影响作用开展文献综述,为后续章节的研究打下基础。通过本节的分析得出以下结论:

(1) 政府对电子产品制造企业开展供应链低碳化措施的驱动机制方面需要开展深入研究。在政府驱动制造企业碳减排的过程中,存在着双方信息不对称的问题以及政府的激励措施具有随时间而发生演变的特点,因此需要结合这些问题和特点对政府激励过程中双方的行为特征开展深入研究;同时现阶段政府如何科学制定相关政策以推动制造企业开展碳减排行动,也需要进一步分析。

(2) 电子产品制造企业对低碳供应商的评价指标及选择方法需要进一步开展研究。目前鲜有文献研究结合低碳供应商的评价指标进而指导企业提出低碳产品的采购决策。

(3) 电子产品制造企业与供应链上下游企业的合作碳减排方式需要深入研究。国内外文献较少考虑供应链上下游企业的联合碳减排投资及其对供应链碳排放的影响。

(4) 其他驱动主体(消费者、金融市场等)对电子产品制造企业碳减排行为的驱动作用,需要进一步开展分析。

(5) 低碳供应链网络设计优化方面需要进一步研究。

本书中第 3 章针对(1)建立了政府驱动电子产品制造企业碳减排的演化博弈模型;第 4 章针对(2)和(3)分别建立了低碳供应商选择模型和制造企业及上游供应商的联合碳减排博弈模型;第 5 章针对(3)构建了制造企业和下游零售商的碳减排合作博弈模型。

1.3　主要研究思路

1.3.1　研究目标和研究问题

供应链低碳化是供应链管理领域内的新兴研究内容,在我国尚处于初级阶段。本书以电子行业作为研究对象,结合电子行业的排放特点以及供应链的结构探索我国电子行业供应链低碳化的实现途径。本书在总结国内外供应链低碳化理论的基础上,结合了我国电子行业碳减排与供应链低碳化的实施现状,深入分析了我国具体国情下电子行业供应链碳减排的有效途径与方法,为电子制造企业和政府的供应链低碳化决策提供借鉴和参考。

本书主要从政府如何驱动电子产品制造企业采取碳减排行动以及电子产品制造企业如何影响供应链上下游企业采取节能减排措施降低供应链生命周期的碳排放两个方面开展研究。关于政府对电子产品制造企业的驱动作用,本书主要研究了我国国情下政府驱动制造企业节能减排过程之中双方的行为特点,并探索供应链低碳化过程中制造企业与政府的博弈关系。而关于制造企业对供应链上下游企业的影响作用,本书主要讨论在制造企业开展相关行动之后,如何采取进一步的措施影响并推动供应链中供应商和零售商开展节能减排行动,进而实现整个供应链的低碳化。

因此，本书的研究目标可进一步分解为：

(1) 揭示政府在电子行业供应链低碳化过程中驱动电子产品制造企业开展碳减排行动的原理。

(2) 分析电子行业供应链低碳化过程中电子产品制造企业如何影响并推动上游供应商以降低供应链整体的碳排放。

(3) 剖析电子行业供应链低碳化过程中电子产品制造企业如何影响并推动下游零售商以降低供应链整体的碳排放。

本书围绕探索电子行业供应链低碳化的主线，根据上述研究目标，将重点研究以下几方面问题：

问题1：怎样发挥政府的作用促使电子产品制造企业开展碳减排行动？

目前我国电子产品出口份额较大，在国内外法规及标准的压力下已有外向型电子产品制造企业开展了碳减排的相关实践。在此过程中，政府的驱动措施对制造企业开展相应碳减排行动起到了至关重要的作用，其强制性措施和鼓励性政策都是驱动制造企业碳减排的重要因素。然而，结合我国的具体情况探索政府如何激励电子产品制造企业采取节能减排措施，尚需进一步研究。

本书采用演化博弈理论构建了供应链低碳化过程中政府和电子产品制造企业的博弈模型，研究了政府激励电子产品制造企业过程中各自的行为特点，从而使政府充分发挥驱动作用激励电子产品制造企业开展碳减排行动。

问题2：电子产品制造企业如何影响和推动上游供应商开展碳减排行动的？

已有研究表明供应商的碳排放对供应链整体碳排放有重要影响，选择合适的供应商并开展相关合作可有效降低电子行业供应链的间接碳排放量。然而现有的供应商评价和选择多考虑经济方面的因素，对供应商碳排放的评价指标考虑较少；同时，也鲜有文献探讨制造企业如何与供应商开展具体碳减排合作降低电子产品的碳排放，进而减少使用过程中产生的间接碳排放。

本书参考了以往的研究成果，将碳排放因素纳入供应商评价和选择的指标体系，采用模糊AHP和模糊GP相结合的方法构建了低碳供应商的评价和选择模型；与此同时，通过建立博弈模型探讨和分析了制造企业与上游供应商碳减排合作的方式和效果，相关研究成果为制造企业推动供应商碳减排的决策提供了借鉴和支持。

问题3：电子产品制造企业如何影响和推动下游零售商开展碳减排行动的？

在使电子行业供应链低碳化过程中，零售商起到了非常重要的作用。在消费者低碳偏好的影响下,零售商(如沃尔玛等国际零售企业)已开展低碳产品的销售,并推动了产品碳足迹的披露工作,为低碳电子产品的推广以及降低使用过程中产生的间接碳排放量起到了积极的作用。在此过程中,电子产品制造企业可以通过与下游零售商的合作减少供应链全生命周期的碳排放,而此时面临着两个问题:一是制造企业和零售商应采取怎样的方式开展碳减排合作?二是企业间和供应链间的竞争对制造企业和零售商的碳减排合作产生怎样的影响?目前与这两方面相关的研究较少。

本书考虑了消费者低碳偏好对产品市场的影响作用,建立了制造企业和零售商的博弈模型,探讨了不同合作方式对供应链利润和碳排放产生的影响;进一步地,研究了多条供应链竞争下对制造企业和零售商间的碳减排合作的影响作用。

1.3.2 研究范围界定和研究内容

为深入剖析供应链低碳化的特点以及该过程中各主体之间的关系,本书将研究范围界定为中国电子行业供应链。选取电子行业作为研究对象,主要基于以下两方面原因:首先,电子行业的高速发展带来了不容忽视的温室气体排放问题。在电子产品的制造过程和使用过程中消耗了大量的能源,带来了大量的温室气体排放,进行行业碳减排刻不容缓。其次,虽然我国政府高度重视电子行业的发展以及相应带来的温室气体排放问题,并采取种种措施降低电子行业的碳排放,但是如何细致开展相关工作尚需进一步研究。政府为促进电子行业实现供应链低碳化,首先对供应链核心制造企业提出碳减排的要求,而制造企业在采取相应措施后发挥其自身的牵动力进一步影响上下游企业减少供应链全生命周期的碳排放。在此过程中,制造企业可能自身的直接碳减排空间相对较小,然而通过其核心影响力可大大减少供应链的间接碳排放以及产品使用过程的间接碳排放,这也是本书的研究重点。综上,本书选择电子行业作为研究对象,以电子产品制造企业为研究重点从整个供应链的角度研究电子行业供应链低碳化的有效途径。

本书的主要研究内容如下:

1. 电子行业供应链低碳化过程中政府对制造企业的驱动作用研究。

结合以往国内外的相关研究成果,通过实地调研分析和相关的理论研究,以我国电子行业为背景,采用博弈论方法构建政府和电子产品制造企业间的博弈模型。考虑到政府激励和驱动制造企业的过程中双方存在信息不对称的问题,以及政府针对制造企业的相关激励措施随着时间的推进产生变化的特点,本书运用演化博弈理论构建了基于政府检查措施的地方政府群体和电子产品制造企业群体间的演化博弈模型,其目的是探索政府驱动电子产品制造企业的过程中博弈双方的行为特点,并采用系统动力学方法对双方博弈的演化过程进行仿真,进一步为制造企业和政府的相关决策提供建议和参考。

2. 电子行业供应链低碳化过程中制造企业对上游供应商的影响研究。

已有学者指出,供应链低碳化过程中制造企业和供应商的碳减排合作对供应链整体碳排放产生重大影响。基于此,本书首先研究了电子产品制造企业的供应商选择问题,将碳排放因素纳入供应商选择标准之中,构建了电子产品制造企业低碳供应商的选择和评价模型,并结合模糊 GP 确认电子产品制造企业的订货量;进一步采用博弈论和供应链协调理论建立制造企业和上游供应商的博弈模型,探讨了不同的合作碳减排方式对供应链总体利润以及产品碳排放带来的影响,最后通过现实数值仿真分析碳减排的成本对博弈结果的影响。

3. 电子行业供应链低碳化过程中制造企业对下游零售商的影响研究。

电子产品制造企业可以与下游零售商开展节能减排的合作降低供应链全生命周期的碳排放。为分析制造企业和零售商的合作方式,本书首先在考虑消费者低碳偏好的基础上建立了制造企业和零售商的博弈模型,讨论了不同程度的碳减排成本分摊契约对最终的合作结果产生的影响,并开发了可以使供应链利润达到协调以及产品碳减排水平最大化的契约;进一步研究了多供应链竞争下制造企业和零售商的博弈模型,并分析了双方开展碳减排合作的策略选择。

1.3.3　研究方法和技术路线

本书使用的主要研究方法包括:

(1) 文献研究。通过对以往相关文献的梳理,对本书研究内容的主要概念展开分析和界定,并通过对以往学者相关研究成果进行总结的基础上,明确本书的研究方向及重点,进而为后续的研究提供依据和支持。

(2) 实地调研访谈研究。对大连、青岛和沈阳等地电子行业部分重点企业进行了实地调研及访谈,同时也调研了大连市经济和信息化委员会、发展和改革委员会等相关部门,了解政府在推动电子行业供应链低碳化过程中的作用,为本书建立的模型和结论提供辅助性检验及现实依据。

(3) 数学建模方法。综合运用了博弈论、AHP、演化博弈和系统动力学等理论及方法开展定量研究。首先采用演化博弈理论建立了供应链低碳化过程中政府和电子产品制造企业的演化博弈模型。其次运用 AHP 和博弈论分别建立了制造企业的低碳供应商选择模型以及制造企业和供应商联合碳减排的博弈模型。最后使用博弈论方法建立了制造企业与零售商的联合碳减排竞争模型。

本书综合运用定量(博弈论、AHP 等)分析方法,围绕关注的关键研究问题展开,本书的研究技术路线图如图 1.2 所示。

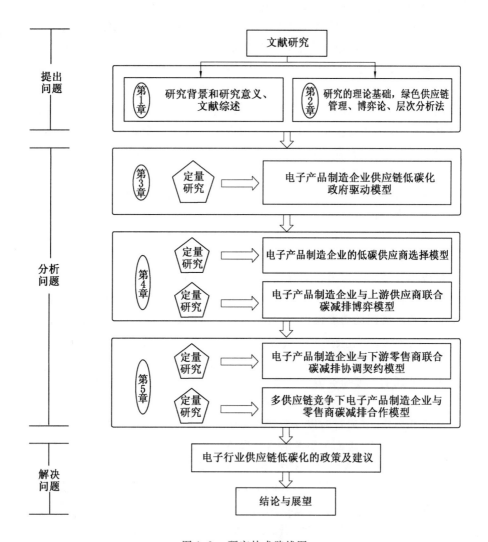

图 1.2　研究技术路线图

Figure 1.2　The process of the reseach

1.3.4 本书结构

本书结构安排如下：

第1章：介绍研究背景及研究意义，从两方面开展相关文献综述，提出研究目标和研究问题，界定研究范围和研究内容，最终确定研究方法、技术路线和论文结构。

第2章：介绍本书主要采用的理论方法。

第3章：重点开展政府驱动电子产品制造企业碳减排的博弈模型研究。建立了基于政府检查的地方政府群体和制造企业群体的碳减排博弈模型。

第4章：主要开展制造企业影响上游供应商开展碳减排行动的相关研究。首先研究了制造企业对低碳供应商的评价和选择模型；其次研究了制造企业和上游供应商的联合碳减排博弈模型。

第5章：主要开展制造企业影响下游零售商开展碳减排行动的相关研究。建立了制造企业及下游零售商的合作碳减排博弈模型，并进一步分析了多供应链竞争对碳减排合作产生的影响。

第6章：归纳总结研究结论和创新点，为政府和电子产品制造企业提出相关建议，以有效推动电子行业供应链低碳化措施的实施。最后，提出本书的局限所在，同时对未来研究进行展望。

第 2 章 理论基础

第 1 章分析了电子行业供应链低碳化的研究背景、研究意义以及主要的研究思路,并就供应链低碳化的相关文献进行了梳理和总结。在本章中,首先界定了电子行业供应链低碳化的相关概念,分析了电子行业供应链全生命周期的碳排放,并就第 1 章中提出的实现供应链低碳化的关键路径针对电子行业进行了深化及完善;其次介绍了本书采用的研究理论和方法,包括博弈论和模糊 AHP 方法,为文中后续的研究提供了理论基础。

2.1 电子行业供应链低碳化概念

低碳供应链管理(Low Carbon Supply Chain Management, LCSCM)的相关研究源自于绿色供应链管理。1996 年,美国密歇根州立大学制造研究协会首次提出了"绿色供应链"的概念,认为其是一种考虑供应链中资源利用效率与环境影响的综合管理模式,目的是将供应链整体资源效率最大化的同时将供应链整体的环境影响最小化,也可称为环境供应链或者环境意识供应链[114]。现有研究认为,绿色供应链涵盖了某项产品或者服务全部生命周期的所有阶段,包括供应链上游原料开采到产品的设计、生产、销售、使用以及报废后产品的末端处理等所有过程,是一种系统的、综合的现代环境问题的解决方案[115]。

随着气候变化对地球生态环境影响的不断增加,温室气体排放问题引起了世界各国的高度重视。1994 年全球 84 个国家签署了《京都议定书》,致力于减少温室气体排放、减缓温室效应。2010 年哥本哈根会议之后,碳排放问题更成为全球关注的焦点。在此背景下,以降低供应链碳足迹(Carbon Footprint)、提升环境适应性为目的的低碳供应链管理得到了国内外学术界的关注。低碳供应链管理将低碳思维与环境保护的理念融入于供应链管理之中,从原料采购、产品设计、生产、销售及运输等各个供应链环节考虑如何减少温室气体的排放,是继"绿色供应链"后提出的新理念。低碳供应链和绿色供应链概念的着重点比较接近,初始目的都是纠正工业文明的市场失灵,但绿色供应链的目标是减少供应链环节中的各项环境污染,具有多目标性;而低碳供应链强调的是降低供应链各环节的温室气体排放,本质上是只考虑低碳因素的绿色供应链管理的特殊模式。

目前已有学者对低碳供应链管理开展了相关研究,其中主要观点是将低碳供应链管理看作绿色供应链管理的一种特定形式并开展相关研究。戴定一[116]认为低碳供应链管理从属于绿色供应链管理的范畴,其着重强调了供应链管理之中减少温室气体排放与提高能源利用效率方面的内容。黄利莹[117]提出低碳供应链管理作为一种新型的供应链管理模式,是在绿色供应链管理的基础之上以降低供应链温室气体排放为目标,强调了可持续发展战略在供应链各节点的渗透以及供应链中上下游企业以降低供应链碳排放为目的的协调与合作。蔡伟琨等人[118]从能源效率和环境影响的角度,将低碳供应链管理定义为"一种系统的在整个供应链中综合考虑环境影响和能源利用效率的现代企业管理模式",这种管理模式可使产品在整个供应链生命周期中能源利用率最高、环境影响最小,兼顾供应链总体的经济效益与环境效益并达到最优。李雄诒等人[119]将低碳供应链定义为结合能源与环境考量的供应链管理模式,以优化供应链整体的能源利用效率和环境效益为目标,其特征包括整体性的基本特征、闭环性的运营特征、并行性的目标特征以及动态性的管理特征等。Ramudhin等人[120]认为低碳供应链包含了从供应链上游供应商到消费者的全过程,在产量制定、产品分配、供应商选择和运输结构等各环节都需要考虑对供应链碳排放的影响。通过对上述学者的研究成果进行总结分析,本书归纳出低碳供应链管理的基本特征为:(1)流程低碳性。将降低碳排放的目标融入于供应链各流程之中,具体包括计划、采购、生产、运输以及回收等阶段。(2)资源主导性。供应链中成员的运营应围绕资源展开,以提升供应链成员运营过程中的可持续性以及环境友好性。(3)全生命周期性。在考虑供应链碳足迹时需要考虑产品从生产、使用以及报废回收整个生命周期对环境产生的影响。

综上所述,本书将电子行业供应链低碳化定义为:电子产品制造企业在供应链整体运行过程中考虑碳排放因素,从原材料采购、产品设计、生产、运输、销售等环节致力于减少温室气体排放,兼顾供应链经济效益的同时最小化供应链的碳排放。从现实角度来说,电子行业供应链低碳化实际上就是电子产品制造企业在外部因素(消费者偏好、政府政策等)的影响下,根据自身的能力和掌握的资源,与供应链中相关企业采取碳减排措施,降低供应链全生命周期碳排放的过程。

2.2　电子行业供应链低碳化实现途径分析

20世纪初,剑桥著名的经济学家马歇尔提出了经济活动中"外部性"的相关概念,认为其是指"一种生产或消费活动对其他的生产或消费活动产生的不反映在市场价格中的直接效应,本质上是市场失灵的一种表现"[121]。根据福利经济学相关理论可知,主要由人类工业经济活动引起的气候变化问题具有非竞争性与非排他性,而碳排放权拥有公共产品的属性,企业温室气体排放行为的结果有明显的外部性。从相关要素的角度具体研究碳排放的外部性,可从公共外部性、消费外部性和代际外部性三个方面开展分析。首先,公共外部性是碳排放外部性最基本和最本质的特征,世界范围内所有国家都面临着由温室气体排放引起的气候变化威胁。其次,消费外部性指随着工业文明的发展带来了丰富的产品供给,人们的消费需求不断提高,进而引起全球能源消耗水平及碳排放水平的不断提升。最后,代际外部性则是指外部性问题在时间维度上的表现,即当代人的碳排放行为对后代人产生的外部性。

在环境经济学中,纠正外部性的途径包括政府的管制、权益或财产损失赔偿、企业合并、税收及补贴和安排产权等。政府管制是指政府根据相关法律、标准和条例等,直接规定生产者外部不经济性活动的方式及允许数量,并且由政府进行强制实施,是一种在各国家中传统的并占主导地位的环境管理方式。权益或财产损失赔偿则是通过法律的途径去矫正外部不经济性的措施,目前主要应用于解决环境的外部不经济性以及由污染造成的损失赔偿问题,本质上是一种事后的补救性手段。企业合并指的是若某个企业对其他企业产生正外部性或负外部性时,可以通过企业合并的方式将外部效应内部化,进而消除这些外部性效应,此时社会的资源配置效果达到了帕累托最优。政府的税收及补贴则是基于市场的刺激手段,目标都是减少和弥补社会成本效益和私人成本效益间的差距。当存在负外部性时,政府可通过衡量外在成本并对企业进行罚款或征税,进而提高企业的生产成本并使其与社会成本一致,这种起到纠正企业负外部性影响的税收一般称为庇古税。当存在正外部性时,政府同样可衡量外在收益的大小对企业进行奖励或补贴,进而提升企业的效益并使其与社会效益水平一致。安排产权是通过法律途径确定某经济主体对某种财产的占有权利,进而使社会成本效益和私人成本效益趋于一致。

为解决电子行业供应链碳排放的外部性问题,寻求供应链低碳化的实现途径,本书首先对电子行业供应链的碳排放进行生命周期分析,如图 2.1 所示。由图可知,电子行业产品的生命周期主要包括原料开采、零部件的生产、电子产品的生产、产品销售、产品使用过程及产品末端处理在内的六个阶段,其中每个阶段中均产生碳排放。从各阶段碳排放的规模角度来看,原料开采和零部件的生产带来的供应链间接碳排放、电子产品的生产产生的直接碳排放和产品使用过程中因电力消耗产生的间接碳排放所占比重较大,是本书的研究重点。与水泥、钢铁等传统行业的能源消耗大户相比,电子行业在产品制造过程中消耗的能源较少,产生的直接碳排放相对较低,然而电子产品使用过程中因电力消耗产生的间接排放极多。例如 Malmodin 等人[122]计算了电子行业中信息与通信技术部门(Information and Communication Technology,ICT)生产及运营过程中的碳排放,其结果表明 2007 年全球范围内该部门共计产生 4.53 亿吨二氧化碳,其中运营过程因产品电力使用产生的碳排放约为 3.1 亿吨,占总碳排放的 68.4%。同时,电子行业因原料开采和零部件制造产生的供应链间接碳排放同样不容忽视。Huang 等人[6]运用了基于生命周期分析的经济投入产出法(Economic Input-Output Life Cycle Assessment,EI-OLCA)分析了电子行业不同部门的供应链碳排放问题(该研究中不考虑产品的使用阶段),其研究指出各部门因原料开采和零部件的生产带来的供应商间接碳排放量约占供应链总碳排放量的 40%~50%,而各部门生产和运营过程产生的直接碳排放量约占总碳排放量的 20%~30%。由上述分析可知,尽管电子行业直接碳排放量不高,然而其来自于原料开采及零部件生产过程的供应链间接碳排放和电子产品使用过程中电力消耗带来的间接碳排放数量极大,为减少电子行业供应链碳排放应从这几方面实施相应措施。

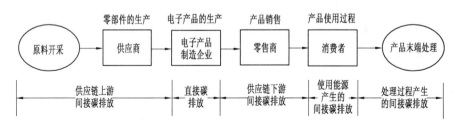

图 2.1　电子行业供应链碳排放生命周期分析

Figure 2.1　Life cycle assessment of supply chain carbon emissions of electronics industry

为减少电子行业全生命周期的供应链碳排放,首先政府针对供应链中的核心制造企业提出碳排放方面的要求,通过管制和激励等措施驱动制造企业开展碳减排行动,减少电子行业的直接碳排放量;进一步地,制造企业通过自身的牵动力影响供应链上下游的企业,通过低碳供应商的选择、低碳产品研发合作等方式共同降低供应链间接碳排放和产品使用过程中的间接碳排放,最终实现电子行业供应链的低碳化。即电子行业供应链低碳化包括两个步骤,分别为"外部主体驱动"和"上下游影响",如图 1.1 所示。

在外部主体驱动方面,除政府之外,现实中还有消费者、环保 NGO、重要客户等其他因素可以促使制造企业采取碳减排行动。Chitra[31]通过调研发现,消费者的环境偏好越强,其购买低碳产品时愿意支付的价格就越高,更多的利润是促使企业采取碳减排措施、降低产品碳排放的直接动力。Liu等人[32]认为消费者对产品的环境偏好会影响供应链成员的利润,通过建立三种不同的供应链模型对制造商和零售商的决策情况以及利润水平开展分析,得出了消费者环境偏好会促进供应链成员进行联合碳减排、减少供应链碳足迹的结论。Haigh和Hazelton[64]通过研究发现,美国、澳大利亚以及欧洲的社会责任基金组织在推动制造企业采取节能减排等环保行动方面发挥了较为积极的作用。Zhu等人[39]指出来自环保NGO、消费者和媒体的压力是驱使制造企业采取节能减排措施的关键性因素。与此同时,来自关键客户的相关低碳环保要求也能够推动制造企业采取碳减排措施,例如沃尔玛等重要客户[36, 37]对产品供应商提出节能减排方面的要求促使制造企业采取行动降低其产品的碳足迹。

在上下游影响方面,主要涉及供应链核心制造企业与上游供应商和下游零售商在供应链碳减排方面的协调与合作。Shaw等人[69]指出,供应链制造企业选择适宜的低碳供应商以及与供应商在节能减排方面开展合作会对降低供应链整体的碳足迹产生积极作用。经调研,我国的青岛海尔集团在产品的设计开发方面已与供应商有较多的合作。例如,海尔集团在电冰箱的生产线设计研发方面与德国巴斯夫股份公司开展了深入合作,通过协作开发电冰箱的新型的零部件以降低最终产品的重量、提高产品的密封性能,同时将生产线的长度缩减至原来的五分之三,最终提升电冰箱产品的能效以达到降低产品碳足迹的效果,减少了该产品在使用过程中因电力消耗产生的间接碳排放。与此同时,在空调产品的设计与制造方面海尔集团与上游压缩机供应商(三菱等企业)也进行了相关合作,通过与压缩机供应商协作开发产品的前端设计,压缩机与最终的空调产品功能及控制方面更为匹配,进而降低产品能耗以及使用过程中的碳排放。进一步地,海尔集团与部分小型创新型企业联合投资开发新型的节能减排技术,并运用到了最终产品之中。此外,Jaber等人[29]认为供应链中以制造企业为主导,制造企业与零售商在碳减排行动方面的协调与合作会减少供应链整体的碳排放。

基于上述分析,本书在图1.1供应链低碳化实现的关键路径示意图的基础上继续完善,进一步得到了电子行业供应链低碳化实现途径框架图,如图2.2所示。

由图2.2可知,电子产品制造企业的外部驱动主体不仅包括政府,还包括消费者、环保NGO、重要客户等。制造企业对供应链上下游的影响主要包括对上游供应商的影响和对下游零售商的影响。制造企业对上游供应商的影响包括低

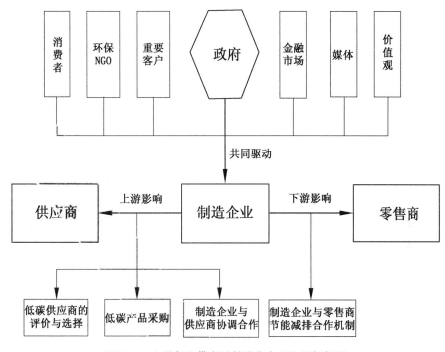

图 2.2　电子行业供应链低碳化实现途径框架图

Figure 2.2　Realization paths of a low carbon supply chain of electronics industry

碳供应商的评价与选择、低碳产品采购以及制造企业与供应商之间的供应链碳减排协调合作；对下游零售商的影响主要是在制造企业的引导下制造企业与零售商在产品节能减排方面开展合作以降低供应链生命周期的碳排放。

综上所述，从电子行业供应链低碳化的实现过程来看，首先政府、消费者以及金融市场等外部主体共同驱动供应链核心的制造企业采取碳减排措施；而制造企业开展相关行动后进一步影响供应链上下游企业，通过低碳产品采购、低碳供应商的选择以及联合碳减排等方式开展碳减排合作，最终减少电子行业供应链生命周期的碳排放。

2.3　研究理论及方法

由上述分析可知，电子行业供应链低碳化的实现途径涉及"外部主体驱动"和"上下游影响"两方面内容，即政府等外部主体对制造企业的驱动作用以及制造企业对供应链上下游企业施加的影响作用，从本质上说该过程涉及政府等外部主体和制造企业之间以及制造企业和供应链上下游企业间的博弈关系。基于此,本书主要采用了博弈论的相关理论及方法对上述主体间的关系和影响作用开展分析,下面对文中使用的相关研究理论及方法进行介绍。

2.3.1 博弈论

1. 理论介绍

"博弈论"也称"对策论",译自英文中的"Game Theory",其理论目的是研究决策主体的策略行为发生相互影响作用时如何决策以及上述决策中的均衡问题。即当一个行为主体(如一个团体或企业)的策略选择受到其他行为主体策略选择的影响,并且可相应影响其行为主体策略选择的决策及均衡问题。在博弈论中,博弈被定义为具备完全理性的群体或者个人的行为策略产生直接的相互作用,而博弈论则是研究该情况下行为主体的策略如何选择以及该选择所产生的结果的理论。

博弈论的相关思想以及具有博弈性质问题的研究可追溯到19世纪初,如1838年的Cournot建立的双寡头产量垄断模型和1883年Bertrand建立的双寡头价格垄断模型等。然而这种研究并不具备系统性,带有较大的偶然性。1944年由John Von Neumann和Oskar Morgenstern完成的*Theory and Economic Behaviors*(《博弈论与经济行为》),标志着博弈论的诞生。该书汇集了当时关于博弈论研究的主要成果,首次清晰而完整地表述了博弈论的研究框架,并从理论上阐述了博弈论的基本原理。该书研究双人零和博弈,并且建立了在不确定条件下的效用函数公理体系,为研究不确定条件下的决策奠定了基础。20世纪50年代,John Nash建立了非合作博弈模型,进一步提出了Nash均衡同时证明了其存在性。与传统的零和博弈中极大极小解相比,Nash均衡是更为一般博弈均衡解的概念,适用于所有的博弈模型。Nash均衡及其存在性为非合作博弈的理论奠定了基础,并开辟了关于博弈论研究的新领域。

传统上博弈论的相关研究分为两个方面,分别为合作博弈和非合作博弈,它们之间的区别主要在于行为主体在博弈过程中是否可以达成具有约束力的协议。如果能够达成协议,则该博弈过程为合作博弈,反之则为非合作博弈。学术界对合作博弈的相关研究主要探讨了博弈行为主体是如何达成合作的,更为重要的是研究达成合作的博弈行为主体如何分配因上述合作带来的额外利益。同时,自Nash提出Nash均衡解以来,非合作博弈方面的研究取得了巨大突破,逐渐成为了微观经济学的基础。对于非合作博弈问题的研究,学术界根据博弈问题本身的信息将其分类,分为完全信息博弈和非完全信息博弈。完全信息博弈指的是所有的博弈主体对博弈问题的相关信息全部了解,即博弈开始之前所有的博弈主体对博弈的信息没有不确定性;而不完全信息博弈指的是博弈开始前至少有一个博弈主体对博弈问题的某方面信息没有完全了解,即存在事先的不确定性。与此同时,根据博弈过程中博弈主体决策时序的差别,又可将博弈问题归类为静态博弈和动态博弈。静态博弈是指博弈过程中所有主体同时进行策略的选择,或者不同时但后续的主体采取行动时不清楚先行动主体所采取的具体行动;而动态博弈则是指博弈主体的策略选择存在先后的顺序,同时博弈主体可获得有关博弈问题的部分或全部的历史信息。

在博弈论应用的模型之中会涉及一些基本要素,主要包括:参与人,即博弈过程中进行独立决策的主体,具体可以是个人、组织、团体或者群体(在一般博弈的过程中至少有两个参与人,否则难以形成策略互动);效用函数,是对博弈参与人以及其他参与人采取的行动组合实施后产生的结果评价,反映了参与人的相关偏好,在博弈模型中较多使用"收益""利润"等数量的大小来进行描述;行动,指博弈的参与人在某个决策时间点选择的行动方案;信息,即博弈参与人掌握的有关博弈的知识,包括其他参与人的特征及选择的行动等;公共知识,指博弈的所有参与人都知道的知识,没有参与人因掌握该知识而具有竞争优势;策略,即博弈参与人选择行动的规则(在行动有先后顺序的多次行动博弈中,某些参与人在选择行动前掌握了其他参与人行动的信息,进而根据信息制订相应的行动计划即为策略);博弈均衡,指的是按特定意义规定的博弈模型解,即博弈的参与人单方面改变策略不会得到更多的预期收益。

2. 博弈模型构建

由图2.2可知,电子行业供应链低碳化的过程涉及"外部主体驱动"和"上下游影响"两方面内容,从本质上涉及政府和制造企业以及制造企业和上下游企业间的博弈关系,因此本书也从这两方面分别建立博弈模型开展相应研究。

在政府驱动电子产品制造企业开展供应链低碳化行动的过程中,政府为促使制造企业进行碳减排采取了多种措施和实施了多项政策,而该过程涉及政府和制造企业两个群体监督检查及采取相关减排措施的策略博弈,符合演化博弈的特点。基于此,本书在第3章中建立了有限理性的政府和电子产品制造企业间的演化博弈模型,分析了博弈双方在该过程中的行为特点,并就政府如何提高制造企业群体采取碳减排措施的比例开展深入探讨,进一步为政府驱动电子产品制造企业实现供应链低碳化提供了决策支持和相关建议。

在制造企业采取供应链低碳化措施后,制造企业可通过其供应链的核心地位影响上下游企业开展碳减排行动,并通过碳减排合作等举措共同降低电子行业供应链全生命周期的碳排放,而上述的合作过程中涉及电子产品制造企业与供应链上下游企业间的博弈关系。基于此,本书在第 4 章和第 5 章分别构建了电子产品制造企业与供应链上下游企业的碳减排合作博弈模型,分析了合作博弈情况下制造企业与上下游企业的策略对产品碳排放及供应链利润产生的影响,并对制造企业如何与上下游企业开展相关碳减排合作进行研究,进而为供应链企业间的碳减排合作提供了参考和借鉴。

2.3.2 模糊 AHP

20 世纪末期,Saaty[123] 提出了 AHP,该方法是把定性与定量研究相结合的一种结构化、系统化的决策方法。AHP 的基本思想是将复杂的问题分解为若干要素及层次,进而对同层次的各个要素开展比较、计算以及判断,最终确定不同要素的相对重要程度。但是该方法在对判断矩阵进行构造时并没考虑人判断的模糊性,导致其在一致性检验时过于复杂,有一定的局限性。为解决一致性检验困难等问题,Buckley[124] 提出了模糊 AHP 的方法。模糊 AHP 借助了 AHP 的分层细化思想,基于模糊集合理论的模糊一致关系和模糊一致矩阵而建立,使得决策模型与人的思维习惯一致,并可省略 AHP 一致性检验的步骤。在上述研究的基础上,Chang[125] 使用了三角模糊数构造判断矩阵,进一步判断同层矩阵元素的相对重要程度,具体步骤如下:

第一,由专家对相应研究的标准和指标进行两两比较,并采用三角模糊数构造模糊判断矩阵:$A=(a_{ij})_{n\times n}$。其中元素 $a_{ij}=[m_{ij}^-, m_{ij}, m_{ij}^+]$ 是以 m_{ij} 为中值的闭区间,并且 $a_{ji}=a_{ij}^{-1}=[1/m_{ij}^+, 1/m_{ij}, 1/m_{ij}^-]$,三角模糊数的中值 m_{ij} 根据 AHP 的 1~9 标度法确定。当有 n 位专家进行判断时,a_{ij} 为综合三角模糊数,$a_{ij}=\frac{1}{n}(a_{ij}^1 \oplus a_{ij}^2 \oplus \cdots \oplus a_{ij}^n)$。

第二,计算评价标准的综合重要程度。令 F_i 表示模糊判断矩阵中第 i 个标准相对其他标准的重要程度,$M_{g_i}^j$ 表示模糊判断矩阵中第 i 个标准相对第 j 个标准的综合重要程度,即 $M_{g_i}^j=a_{ij}$,则 F_i 可表示为

$$F_i = \sum_{j=1}^n M_{g_i}^j \otimes \left[\sum_{i=1}^n \sum_{j=1}^n M_{g_i}^j\right]^{-1} \quad (i,j=1,2,\cdots,n) \qquad (2.1)$$

第三,令三角模糊数 $F_1=(l_1, m_1, u_1)$、$F_2=(l_2, m_2, u_2)$,则三角模糊数 $F_1 \geqslant F_2$ 的可能性程度定义为 $V(F_1 \geqslant F_2)=\sup_{x \geqslant y}[\min(\mu_{F_1}(x), \mu_{F_2}(y))]$,其中 $\mu_{F_1}(x)$ 和 $\mu_{F_2}(y)$ 分别为三角模糊数 F_1 和 F_2 的隶属函数。当 (x, y) 满足条件 $x \geqslant y$,并且 $\mu_{F_1}(x)=\mu_{F_2}(y)=1$ 时,有 $V(F_1 \geqslant F_2)=1$,其中 F_1 和 F_2 为凸模糊数。进

一步可得
$$V(F_1 \geqslant F_2) = 1 \quad (m_1 \geqslant m_2)$$
$$V(F_2 \geqslant F_1) = \text{hgt}(F_1 \cap F_2) = \mu_{F_1}(d) = \frac{l_1 - u_2}{(m_2 - u_2) - (m_1 - l_1)} \quad (2.2)$$

为比较三角模糊数 F_1、F_2 的大小,需要 $V(F_1 \geqslant F_2)$ 和 $V(F_2 \geqslant F_1)$ 的值。

第四,计算评价标准的归一化权重。令 $d(F_i)$ 表示标准 F_i 优于其他标准的纯测量度,则有 $d(F_i) = V(F_i > F_1, \cdots, F_{i-1}, \cdots, F_n) = \min(F_i \geqslant F_k)$,其中 $k = 1, 2, \cdots, n$ 且 $k \neq i$。则所有标准的权重向量为 $\boldsymbol{W}' = (d(F_1), d(F_2), \cdots, d(F_n))^\mathrm{T}$,并且第 $i(i = 1, 2, \cdots, n)$ 个标准的归一化权重为 $NW_i = \dfrac{W'_i}{\sum W'_i}$。

在电子产品制造企业与上游供应商的碳减排合作过程中,选择适宜的供应商对降低电子产品碳排放及降低供应链整体的碳排放起到了举足轻重的作用。基于此,本书在第 4 章的第 1 部分中将供应商产品的碳排放纳入电子产品制造企业供应商的选择标准之中,并采用模糊 AHP 方法研究了电子产品制造企业如何评价及选择低碳的产品供应商,为制造企业如何与上游供应商开展碳减排合作提供了决策支持。

第 3 章 电子产品制造企业供应链低碳化政府驱动模型

在第 1 章的研究综述中表明,政府在推动电子产品制造企业采取碳减排行动中面临两方面的问题:首先,我国现阶段政府需要采取强制性措施以及进行财政补贴等鼓励性措施驱使制造企业开展碳减排行动;其次,在政府驱动制造企业碳减排过程中博弈双方存在信息不对称问题,而且随着时间的推移政府的驱动措施会有所改变。基于此,本章建立了基于政府检查策略的地方政府群体与电子产品制造企业群体间的演化博弈模型,使用演化博弈理论分析政府措施的演化过程以及电子产品制造企业群体与地方政府群体在此过程中的行为特点。进一步引入政府的动态惩罚策略和动态补贴策略,探索在该措施下博弈双方的策略选择以及系统的演化特征。

3.1 问题描述及模型假设

自 2006 年以来,我国相继推出了《可再生能源法》《节约能源法》《循环经济促进法》《清洁生产促进法》,为应对全球气候变化以及开展相应节能减排工作奠定了法律基础;2007 年,我国正式成立了国家应对气候变化的领导小组,并相应发布了《中国应对气候变化国家方案》;2008 年,我国公布了《中国应对气候变化的政策与行动》白皮书以及《可再生能源发展"十一五"规划》,并实施了《节能技术改造财政奖励资金管理暂行办法》;2009 年召开的国务院常务会议公布了中国的碳减排目标,即到 2020 年,中国单位国内生产总值二氧化碳排放量比 2005 年下降 $40\% \sim 45\%$。由此可见,中国政府正日益重视碳减排问题。为响应中央号召,实现区域性碳减排目标,各地方政府也制定了相关政策和措施,如 2008 年,江苏省财政厅设立江苏省省级节能减排(节能与发展循环经济)专项引导资金,对完成节能减排任务的企业给予一定的财政奖励;通过推广合同能源管理措施,河南、四川、深圳等省市政府对重点耗能企业的节能改造项目给予补贴;2012 年初,北京、天津、上海等 7 个省市设立碳排放权交易试点,为实现我国国内的碳交易进行积极准备。电子行业作为我国重点发展的支柱性产业,其供应链全生命周期范围内产生了大量的温室气体排放，在我国的碳减排政策实施中扮演着重要的角色，对碳减排政策的实施担负重要责任。然而，我国主动采取碳减排措施的电子产品制造企业数量较少，主要是因为政府监督不力、企业及公众环境意识淡薄、追逐短期利润最大化等。为了实现经济发展和碳减排的双赢，我国政府一方面要对制造企业履行相关碳减排的责任进行监督检查，另一方面需要对采取碳减排技术并产生相应成本的制造企业进行合理补贴。因此，我国碳减排政策能否成功实施涉及政府和电子产品制造企业之间的博弈关系以及关系的动态变化过程。

电子产品制造企业是否采取碳减排行动所面临的决策环境较为复杂，为了便于分析本书做出如下假设：

(1) 博弈中只有两个参与者。

博弈中两个参与者分别是地方政府（以下简称"政府"）和电子产品制造企业（以下简称"制造企业"），博弈双方都是有限理性的。

(2) 行为策略。

电子产品制造企业有采取碳减排措施或不采取碳减排措施两种策略。这里的"采取碳减排措施"指制造企业通过采用先进技术、引进相关设备等方式减少其生产运营过程中的碳排放（以下简称"采取"）；"不采取碳减排措施"指企业不采取任何措施减少碳排放（以下简称"不采取"）。同时地方政府有对制造企业行使监督的职责，也有两种策略：对企业是否采取碳减排措施进行监督检查（以下简称"检查"）和对企业是否采取碳减排措施不进行监督检查（以下简称"不检查"）。制造企业是否采取碳减排措施，可以看作政府和制造企业博弈的结果。

(3) 行为策略采取的概率。

在政府和制造企业博弈的初始阶段，假设政府选择"检查"的概率为 $x(0 \leqslant x \leqslant 1)$，选择"不检查"的概率为 $1-x$；制造企业选择"采取"的概率为 y $(0 \leqslant y \leqslant 1)$，选择"不采取"的概率为 $1-y$。则博弈的策略组合见表 3.1。

表 3.1　政府和企业双方博弈策略的组合

Table 3.1　The game strategy profile of local governments and manufacturing enterprises

博弈双方		制造企业	
		采取 y	不采取 $1-y$
政府	检查 x	（检查，采取）	（检查，不采取）
	不检查 $1-x$	（不检查，采取）	（不检查，不采取）

(4) 成本收益的参数假设及解释。

C_1：企业采取碳减排措施产生的成本；

R_1：企业采取碳减排措施后带来的综合收益，如能源花费的减少；

R_2：企业采取碳减排措施后，政府检查时政府对企业的补贴；

R_3：企业采取碳减排措施后由清洁发展机制或国内碳交易项目获得的收益；

P：企业不采取碳减排措施，政府检查时对企业的罚金；

C_2：政府检查时付出的成本，包括耗费的人力、物力、财力等；

C_3：企业不采取碳减排措施时造成的社会损失（温室气体排放过高），政府付出的治理成本。博弈双方的收益矩阵见表3.2。

表 3.2　政府和企业博弈矩阵的收益

Table 3.2　The game pay off matrix of local governments and manufacturing enterprises

博弈双方		制造企业	
		采取	不采取
政府	检查	$-C_2-R_2, -C_1+R_1+R_2+R_3$	$-C_2-C_3+P, -P$
	不检查	$0, -C_1+R_1+R_3$	$-C_3, 0$

3.2　模型建立及策略分析

根据上述演化博弈模型的假设以及政府和制造企业博弈的收益矩阵可得，政府采取检查策略后政府期望收益[126]为

$$E_{1Y} = y(-C_2-R_2) + (1-y)(-C_2-C_3+P) = y(C_3-R_2-P) - C_2-C_3+P \tag{3.1}$$

政府不检查时政府的期望收益为

$$E_{1N} = -(1-y)C_3 = yC_3 - C_3 \tag{3.2}$$

政府的混合策略，即政府采取检查和不检查策略的平均期望收益为

$$\overline{E_1} = xE_{1Y} + (1-x)E_{1N} = -xy(R_2+P) + x(P-C_2) + (y-1)C_3 \tag{3.3}$$

根据演化博弈的相关原理，可知其复制动态方程是描述一个特定的策略在某种群体中被采用的频度或频数的动态微分方程[127]。则可构造政府策略的复制动态方程[128]为

$$F(x) = \frac{\mathrm{d}x}{\mathrm{d}t} = x(E_{1Y} - \overline{E_1}) = x(x-1)(yR_2+yP-P+C_2) \tag{3.4}$$

制造企业采取碳减排措施时制造企业的期望收益为

$$E_{2Y} = x(-C_1+R_1+R_2+R_3)+(1-x)(-C_1+R_1+R_3) = xR_2+R_1+R_3-C_1 \tag{3.5}$$

制造企业不采取碳减排措施时制造企业的期望收益为

$$E_{2N} = -xP \tag{3.6}$$

制造企业的混合策略,即制造企业采取碳减排措施和不采取碳减排措施的平均期望收益为

$$\overline{E_2} = yE_{2Y}+(1-y)E_{2N} = xy(R_2+P)+y(-C_1+R_1+R_3)-xP \tag{3.7}$$

则制造企业策略的复制动态方程为

$$F(y) = \frac{dy}{dt} = y(E_{2Y}-\overline{E_2}) = y(1-y)(R_1+R_3-C_1+xR_2+xP) \tag{3.8}$$

由式(3.4)和式(3.8)组成的动态系统复制动态方程组为

$$\begin{cases} F(x) = \dfrac{dx}{dt} = x(1-x)(P-C_2-yP-yR_2) \\ F(y) = \dfrac{dy}{dt} = y(1-y)(R_1+R_3-C_1+xR_2+xP) \end{cases} \tag{3.9}$$

可根据政府和制造企业的复制动态方程,采用演化博弈理论对各策略进行演化稳定性分析,包括政府策略、制造企业策略以及政府和制造企业的混合策略的稳定性分析。具体分析如下:

(1) 政府单方策略的演化稳定性分析。

令 $F(x) = \dfrac{dx}{dt}$,对政府的复制动态方程(3.4)求导可得

$$\frac{dF(x)}{dx} = (1-2x)(P-C_2-yP-yR_2) \tag{3.10}$$

现对不同参数的取值范围选择进行演化稳定性分析:

若 $y = \dfrac{P-C_2}{P+R_2}$,则 $F(x) \equiv 0$,意味着对所有 x(x 取任意值)都是稳定状态。

若 $y \neq \dfrac{P-C_2}{P+R_2}$,令 $F(x) = 0$,得 $x=0$ 或 $x=1$,$x=0$ 和 $x=1$ 是 x 的两个稳定点。

根据微分方程的稳定性定理以及演化稳定策略的性质,当 $\left.\dfrac{dF(x)}{dx}\right|_{x=x^*} < 0$ 时,$x=x^*$ 是演化稳定策略。

由于参数取值不同,需对 $P-C_2$ 的不同情况进行分析:

① 若 $P-C_2<0$,恒有 $y>\dfrac{P-C_2}{P+R_2}$,则 $x=0$ 是演化稳定策略,有限理性政府会选择"不检查"策略,并且政府的策略选择不依赖于制造企业的策略选择。

② 若 $P-C_2>0$,即政府检查的成本低于对不采取碳减排措施的制造企业的罚金时,分两种情况进行分析:

a. $y>\dfrac{P-C_2}{P+R_2}$ 时,$\left.\dfrac{\mathrm{d}F(x)}{\mathrm{d}x}\right|_{x=0}<0$,$\left.\dfrac{\mathrm{d}F(x)}{\mathrm{d}x}\right|_{x=1}>0$,故 $x=0$ 是演化稳定策略;

b. $y<\dfrac{P-C_2}{P+R_2}$ 时,$\left.\dfrac{\mathrm{d}F(x)}{\mathrm{d}x}\right|_{x=0}>0$,$\left.\dfrac{\mathrm{d}F(x)}{\mathrm{d}x}\right|_{x=1}<0$,故 $x=1$ 是演化稳定策略。

由上述分析可知,当政府检查的成本大于对不采取碳减排措施的企业的罚金时,无论制造企业是否采取碳减排措施,最终有限理性政府都会选择"不检查"策略;当政府检查的成本小于对不采取碳减排措施的企业的罚金时,有限理性政府的策略选择依赖于制造企业策略选择的概率,制造企业采取碳减排措施概率的大小决定了有限理性政府的策略选择。

(2) 制造企业单方策略的演化稳定性分析。

令 $F(y)=\dfrac{\mathrm{d}y}{\mathrm{d}t}$,对制造企业的复制动态方程(3.8)求导可得

$$\dfrac{\mathrm{d}F(y)}{\mathrm{d}y}=(1-2y)(R_1+R_3-C_1+xR_2+xP) \tag{3.11}$$

现对不同参数的取值范围选择进行演化稳定性分析:

若 $x=\dfrac{C_1-R_1-R_3}{R_2+P}$,则 $F(y)\equiv 0$,意味着对所有的 y(y 取任意值)都是稳定状态。

若 $x\neq\dfrac{C_1-R_1-R_3}{R_2+P}$,令 $F(y)=0$,得 $y=0$ 或 $y=1$,$y=0$ 和 $y=1$ 是两个稳定点。

演化稳定策略要求 $\dfrac{\mathrm{d}F(y)}{\mathrm{d}y}<0$,需对 $C_1-R_1-R_3$ 的不同情况进行分析:

① 若 $C_1-R_1-R_3<0$,且恒有 $x>\dfrac{C_1-R_1-R_3}{R_2+P}$,则 $y=1$ 是演化稳定策略,有限理性制造企业会选择"采取"策略,并且制造企业的策略选择不依赖于政府的策略选择。

② 若 $C_1-R_1-R_3>R_2+P$,即 $\dfrac{C_1-R_1-R_3}{R_2+P}>1$,且恒有 $x<$

$\dfrac{C_1-R_1-R_3}{R_2+P}$,则 $y=0$ 是演化稳定策略,有限理性制造企业会选择"不采取"策略,并且制造企业的策略选择不依赖于政府的策略选择。

③ 若 $0<C_1-R_1-R_3<R_2+P$,分两种情况进行分析:

a. $x>\dfrac{C_1-R_1-R_3}{R_2+P}$ 时,$\dfrac{\mathrm{d}F(y)}{\mathrm{d}y}\bigg|_{y=0}>0$,$\dfrac{\mathrm{d}F(y)}{\mathrm{d}y}\bigg|_{y=1}<0$,故 $y=1$ 是演化稳定策略;

b. $x<\dfrac{C_1-R_1-R_3}{R_2+P}$ 时,$\dfrac{\mathrm{d}F(y)}{\mathrm{d}y}\bigg|_{y=0}<0$,$\dfrac{\mathrm{d}F(y)}{\mathrm{d}y}\bigg|_{y=1}>0$,故 $y=0$ 是演化稳定策略。

由上述分析可知,当制造企业采取碳减排措施的成本低于采取措施后带来的综合收益以及由清洁发展机制或国内碳交易项目获得的收益之和时,无论政府是否采取检查策略,最终有限理性制造企业都会选择"采取"策略;当制造企业采取碳减排措施的成本都高于制造企业采取措施后带来的综合收益、政府补贴、由清洁发展机制或国内碳交易项目获得的收益以及政府对没有采取碳减排技术企业的罚金四者之和时,无论政府是否采取检查策略,最终有限理性企业都会选择"不采取"策略;当制造企业采取碳减排措施的成本小于制造企业采取措施后带来的综合收益、政府补贴、由清洁发展机制或国内碳交易项目获得的收益以及政府对没有采取碳减排技术企业的罚金四者之和时,有限理性制造企业的策略选择依赖于政府选择的策略,政府采取检查概率的大小决定了有限理性制造企业的策略选择。

(3) 政府和制造企业混合策略的演化稳定性分析。

由动态系统复制方程组(3.9)来描述政府和制造企业选择策略系统的演化,可以得出系统演化共有五个复制动态均衡点,分别为:$E_1(0,0)$、$E_2(0,1)$、$E_3(1,0)$、$E_4(1,1)$ 和 $E_5\left(\dfrac{C_1-R_1-R_3}{R_2+P},\dfrac{P-C_2}{P+R_2}\right)$,当且仅当 $0\leqslant\dfrac{C_1-R_1-R_3}{R_2+P}\leqslant 1,0\leqslant\dfrac{P-C_2}{P+R_2}\leqslant 1$ 时成立。

由 Friedman[126] 提出的方法可知,通过分析雅可比矩阵局部的稳定性可得演化系统均衡点的稳定性,则根据式(3.9)组成的政企双方系统雅可比矩阵为

$$\boldsymbol{J}=\begin{bmatrix}\partial F(x)/\partial x & \partial F(x)/\partial y \\ \partial F(y)/\partial x & \partial F(y)/\partial y\end{bmatrix}$$

$$=\begin{bmatrix}(1-2x)(P-C_2-yP-yR_2) & x(x-1)(P+R_2) \\ y(1-y)(P+R_2) & (1-2y)(R_1+R_3-C_1+xR_2+xP)\end{bmatrix}$$

当均衡点满足 det $J > 0$ 和 tr $J < 0$ 时,此均衡点即为演化动态过程的局部渐进稳定不动点,对应着演化稳定策略。演化稳定策略要求这种稳定状态具有抗扰动的功能,即要求 $\partial F(x)/\partial x < 0, \partial F(y)/\partial y < 0$。进一步分析各均衡点的稳定性,则相应的结果见表 3.3,其中 $x_0 = \dfrac{C_1 - R_1 - R_3}{R_2 + P}, y_0 = \dfrac{P - C_2}{P + R_2}$。

表 3.3 系统稳定性分析

Table 3.3 System stability analysis

均衡点	det J	tr J	结果
$E_1(0,0)$	−	不定	鞍点
$E_2(0,1)$	−	不定	鞍点
$E_3(1,0)$	−	不定	鞍点
$E_4(1,1)$	−	不定	鞍点
$E_5(x_0, y_0)$	+	0	中心点

由上述分析可知,该博弈模型有一个中心点和四个鞍点,分别是 $E_5(x_0, y_0)$、$E_1(0,0)$、$E_2(0,1)$、$E_3(1,0)$ 和 $E_4(1,1)$。其中心点 $E_5(x_0, y_0)$ 对应的特征根 $\lambda_1、\lambda_2$ 为一对纯虚根。由 Gintis[129] 的研究可知,$E_5(x_0, y_0)$ 是稳定的均衡点,但并不是渐进稳定的;系统演化轨迹是绕着中心点的闭轨线环,逐渐缩小而趋近于点 $E_5(x_0, y_0)$,但是闭轨线环不通过中心点 $E_5(x_0, y_0)$,不存在极限环。

3.3 政府动态措施下模型的建立及求解

在上述对政府和制造企业混合策略进行分析时发现,该系统不存在演化稳定策略。没有演化稳定策略意味着不能预见演化的均衡结果,制造企业采取碳减排措施的概率具有不可控制性。基于此,引入政府的动态惩罚和补贴措施,并分析这些措施对系统的演化稳定性以及博弈的均衡状态带来的影响。

1. 政府的动态惩罚措施

假设不采取碳减排措施造成的大气中温室气体排放过多与制造企业选择不采取措施的概率是成正比的,则 $1-y$ 可以用来反映不采取措施对温室气体排放过多造成的影响程度;当制造企业选择不采取碳减排措施,政府采取检查策略时,假设制造企业受到处罚费用由原来固定的常数 P 变为 $g(y) = (1-y)q$,并且 $q > C_1 > 0$,其中 q 表示惩罚最高力度。

上述动态的惩罚措施改变了政府和制造企业博弈的收益矩阵,下面对具有动态惩罚矩阵的混合策略演化博弈模型进行稳定性分析。

将 $g(y)=(1-y)q$ 代替式(3.9)中的 P 得系统复制动态方程组

$$\begin{cases} F(x) = \dfrac{\mathrm{d}x}{\mathrm{d}t} = x(1-x)[g(y)-C_2-yg(y)-yR_2] \\ F(y) = \dfrac{\mathrm{d}y}{\mathrm{d}t} = y(1-y)[R_1+R_3-C_1+xR_2+xg(y)] \end{cases} \quad (3.12)$$

从而可以得出系统演化有五个复制动态均衡点,分别为:$E'_1(0,0)$、$E'_2(0,1)$、$E'_3(1,0)$、$E'_4(1,1)$、$E'_5\left(\dfrac{C_1-R_1-R_3}{g(y^*)+R_2},\dfrac{g(y^*)-C_2}{g(y^*)+R_2}\right)$,并且满足 $0<\dfrac{C_1-R_1-R_3}{g(y^*)+R_2}<1, 0<\dfrac{g(y^*)-C_2}{g(y^*)+R_2}<1$,其雅克比矩阵为

$$\begin{aligned} \boldsymbol{J}' &= \begin{bmatrix} \partial F(x)/\partial x & \partial F(x)/\partial y \\ \partial F(y)/\partial x & \partial F(y)/\partial y \end{bmatrix} \\ &= \begin{bmatrix} (1-2x)[g(y)-C_2-yg(y)-yR_2] & x(1-x)[(1-y)g'(y)-g(y)-R_2] \\ y(1-y)[g(y)+R_2] & (1-2y)[R_1+R_3-C_1+xR_2+xg(y)]+xy(1-y)g'(y) \end{bmatrix} \end{aligned}$$

同理可以求出前四个复制动态平衡点对应的 $\det \boldsymbol{J}$ 和 $\operatorname{tr} \boldsymbol{J}$。通过分析可知,与3.2节类似,均衡点 $E'_1 - E'_4$ 的 $\operatorname{tr} \boldsymbol{J}$ 都为负数,则均衡点 $E'_1 - E'_4$ 均为鞍点。

将 $E'_5\left(\dfrac{C_1-R_1-R_3}{g(y^*)+R_2},\dfrac{g(y^*)-C_2}{g(y^*)+R_2}\right)$ 代入求得的雅克比矩阵 $\boldsymbol{J}'(E')$ 中,可以得到 $\boldsymbol{J}'(E'_5(x^*,y^*))$。其中 $x^*=\dfrac{C_1-R_1-R_3}{(1-y^*)q+R_2}$、$y^*=\dfrac{(1-y^*)q-C_2}{(1-y^*)q+R_2}$,则有

$$\boldsymbol{J}(E'_5) = \begin{bmatrix} 0 & \dfrac{(R_1+R_3-C_1)[(1-y^*)q-C_1+R_1+R_2+R_3][R_2+2(1-y^*)q]}{[(1-y^*)q+R_2]^2} \\ \dfrac{[(1-y^*)q-C_2](R_2+C_2)}{(1-y^*)q+R_2} & \dfrac{(R_1+R_3-C_1)[(1-y^*)q-C_2](R_2+C_2)q}{[(1-y^*)q+R_2]^3} \end{bmatrix}$$

求解 $\left|\begin{bmatrix} \lambda & 0 \\ 0 & \lambda \end{bmatrix} - \boldsymbol{J}(E'_5)\right| = 0$ 的特征根为

$$\lambda'_1, \lambda'_2 = \dfrac{(R_1+R_3-C_1)[(1-y^*)q-C_2](R_2+C_2)q \pm \sqrt{\Delta}}{2[(1-y^*)q+R_2]^3}, \text{其中 } \Delta<0,$$

并且 y^* 满足方程 $y^*=\dfrac{(1-y^*)q-C_2}{(1-y^*)q+R_2}$ 的解,因此 $\boldsymbol{J}'(E'_5)$ 的特征根是一对具有负实部的特征复根。进一步根据 Gintis[129] 的研究可知:E'_5 为稳定的焦点,系统具有渐进稳定性;轨线螺旋地内趋向于稳定焦点 E'_5。

由上可知,E'_5 为系统演化的稳定均衡点,并且 $x^*=\dfrac{C_1-R_1-R_3}{(1-y^*)q+R_2}$、$y^*=$

$\dfrac{(1-y^*)q-C_2}{(1-y^*)q+R_2}$,则解此方程组可得

$$\begin{cases} x^* = \dfrac{2(C_1-R_1-R_3)}{R_2+\sqrt{R_2^2+4(R_2+C_2)q}} \\ y^* = 1+\dfrac{R_2-\sqrt{R_2^2+4(R_2+C_2)q}}{2q} \end{cases} \quad (3.13)$$

已知 $C_1-R_1-R_3>0$,下面对 x^*、y^* 分别求导:

① 对 x^* 求导,容易得出 $x^{*\prime}(C_1)>0$、$x^{*\prime}(R_1)<0$、$x^{*\prime}(R_3)<0$、$x^{*\prime}(C_2)<0$、$x^{*\prime}(q)<0$、$x^{*\prime}(R_2)=-\dfrac{2(C_1-R_1-R_3)}{(R_2+\sqrt{R_2^2+4(R_2+C_2)q})^2}\times(1+\dfrac{R_2+2q}{\sqrt{R_2^2+4(R_2+C_2)q}})<0$;

② 对 y^* 求导,容易得出 $y^{*\prime}(C_2)<0$。

$$y^{*\prime}(R_2)=\dfrac{1}{2q}-\dfrac{1}{2q}\times\dfrac{2R_2+4q}{2\sqrt{R_2^2+4(R_2+C_2)q}}$$

$$=\dfrac{1}{2q}\left[1-\dfrac{R_2+2q}{\sqrt{R_2^2+4(R_2+C_2)q}}\right]<0$$

$$y^{*\prime}(q)=-\dfrac{R_2}{2q^2}-\dfrac{\dfrac{4(R_2+C_2)q}{2\sqrt{R_2^2+4(R_2+C_2)q}}-\sqrt{R_2^2+4(R_2+C_2)q}}{2q^2}$$

$$=-\dfrac{R_2}{2q^2}+\dfrac{1}{2q^2}\times\dfrac{R_2^2+2(R_2+C_2)q}{\sqrt{R_2^2+4(R_2+C_2)q}}$$

$$=\dfrac{1}{2q^2}\left[\dfrac{R_2^2+2(R_2+C_2)q}{\sqrt{R_2^2+4(R_2+C_2)q}}-R_2\right]$$

$$>\dfrac{1}{2q^2}\left[\dfrac{R_2^2+2(R_2+C_2)q}{R_2+2q}-R_2\right]$$

$$=\dfrac{C_2}{q(R_2+2q)}>0$$

通过对 x^* 和 y^* 分别求导可知,惩罚最高力度 q、政府的补贴 R_2 及政府检查的成本 C_2 会同时影响政府检查的概率 x^* 和制造企业采取碳减排措施的概率 y^* 的大小。当 q 增大时,x^* 减小,y^* 增大,意味着政府检查的概率降低而制造企业实施碳减排措施的概率提高;而当补贴 R_2 减小时,x^* 和 y^* 同时增大,政府检查的概率和企业实施措施的概率同时提高;对政府而言,帮助降低企业实施碳减排措施的成本 C_1、提升企业实施措施带来的收益 R_1 和 R_3,都可以降低政府检

查的概率。

2. 政府的动态补贴措施

政府采用补贴政策激励企业是为了促进碳减排技术在企业的实施。在此政策实施的初始阶段,采取碳减排措施的企业比例比较低时,政府为完成碳减排任务有很强的意愿去激励企业,故选择较高的补贴;反之,选择采取碳减排措施的企业在制造企业群体中的比例越高,则说明政府碳减排任务完成的越好甚至超额完成,那么相对应地政府激励企业的意愿也会降低,即减少对企业的补贴。综上所述,本节中将假设政府的补贴与企业采取碳减排措施的比例成反比,即当制造企业选择采取碳减排措施,并且政府采取检查的策略时,假设制造企业得到的补贴费用由原来固定的常数 R_2 变为 $f(y)=(1-y)a$,并且 $0 < a < C_1$,其中 a 表示补贴上限。

将 $R_2 = f(y) = (1-y)a$ 代入式(3.9)中,得系统复制动态方程组

$$\begin{cases} F(x) = \dfrac{\mathrm{d}x}{\mathrm{d}t} = x(1-x)[P - C_2 - yP - yf(y)] \\ F(y) = \dfrac{\mathrm{d}y}{\mathrm{d}t} = y(1-y)[R_1 + R_3 - C_1 + xf(y) + xP] \end{cases} \quad (3.14)$$

由式(3.14)可以求得系统演化共有五个复制动态均衡点,分别为 $E''_1(0,0)$、$E''_2(0,1)$、$E''_3(1,0)$、$E''_4(1,1)$、$E''_5\left(\dfrac{C_1 - R_1 - R_3}{P + f(y^{**})}, \dfrac{P - C_2}{P + f(y^{**})}\right)$,并且 $0 < \dfrac{C_1 - R_1 - R_3}{P + f(y^{**})} < 1, 0 < \dfrac{P - C_2}{P + f(y^{**})} < 1$,其雅克比矩阵为

$$\begin{aligned} \boldsymbol{J''} &= \begin{bmatrix} \partial F(x)/\partial x & \partial F(x)/\partial y \\ \partial F(y)/\partial x & \partial F(y)/\partial y \end{bmatrix} \\ &= \begin{bmatrix} (1-2x)[P - C_2 - yP - yf(y)] & x(x-1)[P + f(y) + yf'(y)] \\ y(1-y)[f(y) + P] & (1-2y)[R_1 + R_3 - C_1 + xf(y) + xP] + xy(1-y)f'(y) \end{bmatrix} \end{aligned}$$

同理可以求出前四个复制动态平衡点对应的 $\det \boldsymbol{J}$ 和 $\operatorname{tr} \boldsymbol{J}$。通过分析可知,均衡点 $E''_1 - E''_4$ 的 $\operatorname{tr} \boldsymbol{J}$ 都为负数,则均衡点 $E''_1 - E''_4$ 均为鞍点。

将 $E''_5\left(\dfrac{C_1 - R_1 - R_3}{P + f(y^{**})}, \dfrac{P - C_2}{P + f(y^{**})}\right)$ 代入求得的雅克比矩阵 $\boldsymbol{J''}(E''_5)$,可得到 $\boldsymbol{J''}(E''_5(x^{**}, y^{**}))$。其中 $x^{**} = \dfrac{C_1 - R_1 - R_3}{P + (1-y^{**})a}, y^{**} = \dfrac{P - C_2}{P + (1-y^{**})a}$,则有

$$\boldsymbol{J}(E''_5) = \begin{bmatrix} 0 & \dfrac{(R_1 + R_3 - C_1)[(1-y^{**})a - C_1 + R_1 + R_3 + P][P + a - 2y^{**}a]}{[P + (1-y^{**})a]^2} \\ \dfrac{(P - C_2)[(1-y^{**})a + C_2]}{(1-y^{**})a + P} & \dfrac{a(R_1 + R_3 - C_1)(P - C_2)[(1-y^{**})a + C_2]}{[P + (1-y^{**})a]^3} \end{bmatrix}$$

从而求得 $\left|\begin{bmatrix} \lambda & 0 \\ 0 & \lambda \end{bmatrix} - J(E''_5)\right| = 0$ 的特征根为

$\lambda''_1, \lambda''_2 = \dfrac{a(R_1+R_3-C_1)(P-C_2)[(1-y^{**})a+C_2] \pm \sqrt{\Delta}}{2[P+(1-y^{**})a]^3}$,其中 $\Delta < 0$,并且 y^{**} 满足方程 $y^{**} = \dfrac{P-C_2}{P+(1-y^{**})a}$。因此 $J''(E''_5)$ 的特征根为一对具有负实部的特征复根,此时系统具有渐进稳定性,演化轨迹螺旋地内趋向于稳定焦点 E''_5。

由上可知,E''_5 为系统演化的稳定均衡点,并且 $x^{**} = \dfrac{C_1-R_1-R_3}{P+(1-y^{**})a}$、$y^{**} = \dfrac{P-C_2}{P+(1-y^{**})a}$,则上述两方程联立可得

$$\begin{cases} x^{**} = \dfrac{2(C_1-R_1-R_3)}{a+P+\sqrt{(a-P)^2+4aC_2}} \\ y^{**} = \dfrac{a+P-\sqrt{(a-P)^2+4aC_2}}{2a} \end{cases} \quad (3.15)$$

已知 $C_1-R_1-R_3 > 0$ 并且 $P > C_2$,下面对 x^{**}、y^{**} 分别求导:

(1) 对 x^{**} 求导,容易得出 $x^{**\prime}(C_1) > 0$、$x^{**\prime}(R_1) < 0$、$x^{**\prime}(R_3) < 0$、$x^{**\prime}(C_2) < 0$;

$x^{**\prime}(P) = \dfrac{-2(C_1-R_1-R_3)}{(a+P+\sqrt{(a-P)^2+4aC_2})^2} \times \left[1 - \dfrac{a-P}{\sqrt{(a-P)^2+4aC_2}}\right] < 0$

$x^{**\prime}(a) = \dfrac{-2(C_1-R_1-R_3)\left[1 + \dfrac{(a-P)+2C_2}{\sqrt{(a-P)^2+4aC_2}}\right]}{(a+P+\sqrt{(a-P)^2+4aC_2})^2} < 0$

(2) 对 y^{**} 求导,容易得出 $y^{**\prime}(C_2) < 0$。

$y^{**\prime}(P) = \dfrac{1 - \dfrac{-2(a-P)}{2\sqrt{(a-P)^2+4aC_2}}}{2a} = \dfrac{1 + \dfrac{a-P}{\sqrt{(a-P)^2+4aC_2}}}{2a} > 0$

$y^{**\prime}(a) = -\dfrac{4a(P-C_2)C_2}{a\sqrt{(a-P)^2+4aC_2} \times [\sqrt{(a-P)^2+4aC_2}-(a-P)] \times [P+a+\sqrt{(a-P)^2+4aC_2}]} < 0$

通过对 x^{**} 和 y^{**} 分别求导可知,罚金 P、政府的补贴上限 a 以及政府检查的成本 C_2 会同时影响政府检查的概率 x^{**} 和制造企业采取碳减排措施的概率 y^{**} 的大小。当 P 增大时,x^{**} 减小,y^{**} 增大,即政府检查的概率减小、企业实施碳减排措施的概率提高;当补贴上限 a 减小时,x^{**} 和 y^{**} 同时增大,政府检查

的概率和企业实施措施的概率同时提高;对政府而言,通过减少企业成本 C_1、提高企业收益 R_1 和 R_3,都可以降低政府的检查概率。

3.4 演化博弈模型仿真分析

3.3 节中分析了不同条件下政府和电子产品制造企业的演化博弈结果,由其可知当政府采取动态惩罚措施和动态补贴措施时,系统存在演化稳定点,即系统可以达到稳态。为进一步描绘上述政府和制造企业的博弈过程,本节中采用系统动力学相关方法进行仿真。目前,基于演化博弈和系统动力学结合方法的研究已应用于经济与管理学领域,例如 Sice 等人[130]应用系统动力学研究有限理性条件下博弈模型的复杂动态演化过程并进行了系统仿真分析,但较少有文献将系统动力学运用到政府对电子产品制造企业的环境规制决策之中。因此,本节中采用系统动力学方法来描绘政府和电子产品制造企业混合策略的演化趋势及过程,为分析政府和制造企业的动态博弈过程提供了一个将定性和定量相结合的仿真平台。

1. 演化博弈的系统动力学模型

根据式(3.9)所建立的博弈模型,结合系统动力学软件 Vensim DSS 5.9e 建立了地方政府和电子产品制造企业演化博弈的简化模型,如图 3.1 所示。

2. 政府静态措施下的博弈模型仿真

当 $0 \leqslant \dfrac{C_1 - R_1 - R_3}{P + R_2} \leqslant 1$ 且 $0 \leqslant \dfrac{P - C_2}{P + R_2} \leqslant 1$ 时,令 $C_1 = 5\,000$、$C_2 = 1\,000$、$C_3 = 4\,000$、$P = 2\,000$、$R_1 = 1\,000$、$R_2 = 2\,000$、$R_3 = 3\,000$。当 $x = x_0 = \dfrac{C_1 - R_1 - R_3}{P + R_2}$,即令政府一方的初始值为混合策略的 Nash 均衡值,而令制造企业一方初始值分别为 $y=0.8$ 和 $y=0.2$,观察制造企业采取减排措施概率的演化过程,如图 3.2 所示。

由图 3.2 可知,当政府一方检查概率的初始值定为混合策略的 Nash 均衡值 ($x = x_0$) 时,给定 y 的初始值,制造企业一方实施碳减排措施的概率存在波动,系统不会稳定在中心点 (x_0, y_0),即点 (x_0, y_0) 不是系统的演化稳定策略;并且根据 y 的初始值的不同,制造企业一方实施碳减排措施波动的幅度也有所不同,$y=0.8$ 的波动幅度大于 $y=0.2$ 的波动幅度;随着时间以及博弈次数的增加,y 的波动幅度逐渐增大,甚至达到最大振幅。

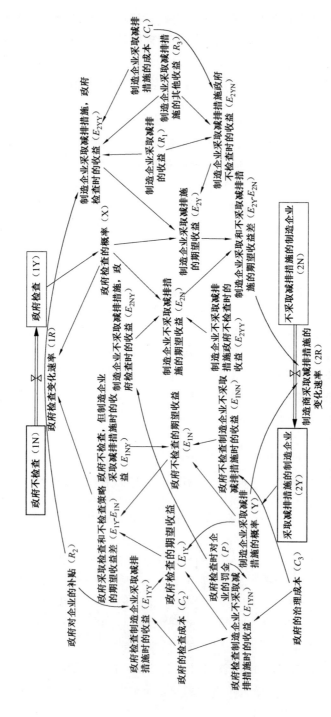

图 3.1 地方政府和制造企业演化博弈的 SD 模型

Figure 3.1 The SD model of evolutionary game between local governments and manufacturing enterprises

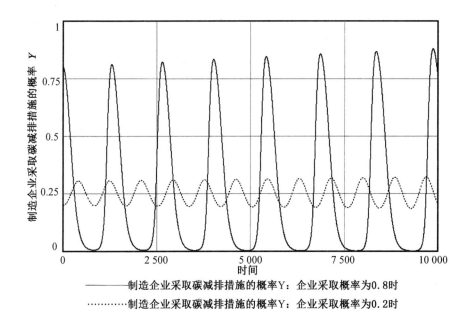

图 3.2　不同初始值下制造企业实施碳减排措施概率的演化过程

Figure 3.2　The evolutionary process of probability of adopting carbon emission reduction technique by manufacturing enterprises under different initial value

当 $0 \leqslant \dfrac{C_1 - R_1 - R_3}{P + R_2} \leqslant 1$ 且 $0 \leqslant \dfrac{P - C_2}{P + R_2} \leqslant 1$ 时,图 3.3 给出了双方均以 40% 的概率为初始值时整个系统的博弈演化趋势曲线,可以看出,随着时间和博弈次数的增加,系统的演化过程是一个围绕起始点进行周期运动的闭轨线环,这表明政府和制造企业两个群体的博弈过程具有周期性,从另一方面也说明了政府监督制造企业采取碳减排措施是一项长期性、艰巨性和反复性的工作。

3. 政府动态惩罚措施下的博弈模型仿真

通过使用系统动力学软件 Vensim DSS 5.9e 分别仿真在静态惩罚和动态惩罚下制造企业策略的演化过程,此时政府的罚金 P 为 $g(y) = (1 - y)q$,其余参数设置不变。仿真结果如图 3.4 所示,当初始值 $y = 0.8$ 时,在静态惩罚策略的条件下,制造企业实施碳减排措施的概率随着时间和博弈次数的增加波动幅度增大,并且过程难以控制;而在动态惩罚策略的条件下,制造企业实施碳减排措施的概率随着时间和博弈次数的增加而趋于稳定。因此,政府采取动态的惩罚措施有利于博弈双方达到系统的演化稳定均衡点。

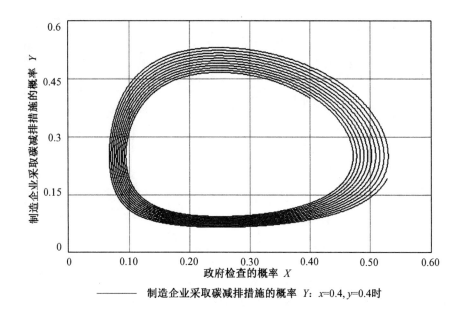

图 3.3　博弈双方混合策略的博弈演化过程

Figure 3.3　The evolutionary process of mixed strategies of game players

当 $0 < \dfrac{C_1 - R_1 - R_3}{g(y^*) + R_2} < 1$、$0 < \dfrac{g(y^*) - C_2}{g(y^*) + R_2} < 1$ 且 y^* 满足方程 $y^* = \dfrac{(1-y^*)q - C_2}{(1-y^*)q + R_2}$ 时,使用软件仿真得到动态惩罚措施下的政府和企业策略的演化过程,如图 3.5 所示。

从图 3.5 中可以看出,在决策双方初始值为 $x=0.2$、$y=0.2$ 的情况下,随着时间和博弈次数的增加,系统演化轨迹螺旋收敛,最终稳定在均衡点 E'_5,不会因其他的干扰偏离系统的稳定状态,进而验证了在动态惩罚策略条件下该系统具有稳定性的结论。该结论为政府制定检查制造企业是否采取碳减排措施的政策提供了相关的信息预测,有利于对政府的相关政策及措施的实施效果进行预测和分析,进而促进电子行业碳减排的顺利开展。

4. 政府动态补贴措施下的博弈模型仿真

通过使用系统动力学软件分别仿真在静态和动态补贴下制造企业策略的演化过程,此时政府补贴 R_2 为 $f(y) = (1-y)a$,其余参数设置不变,则仿真结果如图 3.6 所示。当初始值 $y=0.8$ 时,在静态补贴策略的条件下,制造企业实施碳减排措施的概率随着时间和博弈次数的增加而上下振荡;而在动态补贴策略条

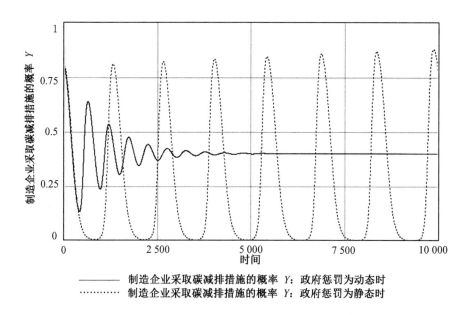

图 3.4　在动态和静态惩罚措施下制造企业实施碳减排措施概率的演化过程

Figure 3.4　The evolutionary process of probability of adopting carbon emission reduction technique by manufacturing enterprises under dynamic and static penalty

件下企业实施碳减排措施的概率趋于稳定。因此,政府采取动态的补贴措施同样有利于博弈双方达到系统的演化稳定均衡点。

当 $0<\dfrac{C_1-R_1-R_3}{P+f(y^{**})}<1$、$0<\dfrac{P-C_2}{P+f(y^{**})}<1$ 且 y^{**} 满足方程 $y^{**}=\dfrac{P-C_2}{P+(1-y^{**})a}$ 时,使用软件仿真得到动态补贴措施下的博弈双方混合策略的博弈演化过程,如图 3.7 所示。在决策双方初始值为 $x=0.2$、$y=0.2$ 的情况下,系统随着时间和博弈次数的增加,轨迹螺旋收敛,最终稳定在均衡点 E_5'',不会因其他的干扰偏离系统的稳定状态,同样验证了在动态补贴策略条件下该系统具有稳定性的结论,进一步为政府制定相关措施提供了依据。

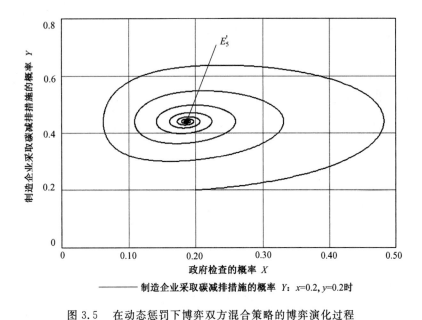

图 3.5　在动态惩罚下博弈双方混合策略的博弈演化过程

Figure 3.5　The evolutionary process of mixed strategies of game players under dynamic penalty

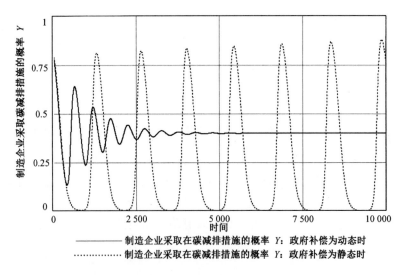

图 3.6　在动态和静态补偿措施下制造企业实施碳减排措施概率的演化过程

Figure 3.6　The evolutionary process of probability of adopting carbon emission reduction technique by manufacturing enterprises under dynamic and static subsidy

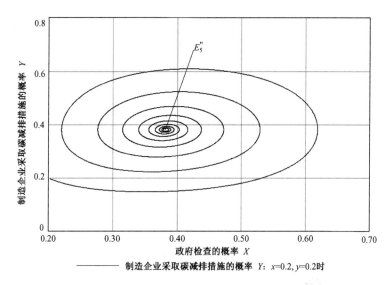

图 3.7　在动态补贴措施下博弈双方混合策略的博弈演化过程

Figure 3.7　The evolutionary process of mixed strategies of game players under dynamic subsidy

3.5　结论及建议

本章运用系统动力学和演化博弈理论结合的方法研究了中国碳减排政策实施过程中,政府的检查策略选择和电子产品制造企业是否采取碳减排技术策略选择的互动机制。比较不同的均衡结果,可以得出以下结论:

(1) 政府静态措施下的博弈过程存在三个演化稳定策略:

① 若 $P-C_2<0$,则 $x=0$ 是演化稳定策略,即政府检查的成本高于对不采取碳减排措施的企业的罚金时,最终有限理性政府会选择"不检查"策略,并且政府的选择策略不依赖于制造企业的选择策略。

② 若 $C_1-R_1-R_2-R_3>P$,则 $y=0$ 是演化稳定策略,即制造企业采取碳减排措施的成本高于企业采取措施后带来的综合收益、政府补贴、由清洁发展机制或国内碳交易项目获得的收益以及政府对没有采取碳减排技术企业的罚金四者之和时,最终有限理性企业会选择"不采取"策略,并且企业的选择策略不依赖于政府的选择策略。

③ 若 $C_1-R_1-R_3<0$,则 $y=1$ 是演化稳定策略,即制造企业采取碳减排措施的成本低于采取措施后带来的综合收益,以及由清洁发展机制或国内碳交易项目获得的收益之和时,最终有限理性企业会选择"采取"策略,且企业的选择

策略不依赖于政府的选择策略。

根据以上演化稳定策略可得到如下启示:

第一,如果政府检查成本大于对"不采取"企业的罚金,最终有限理性政府会选择不检查的策略,这显然不利于政府推动电子产品制造企业采取碳减排措施。为更好地推进碳减排工作的实施,政府可以从以下几个方面制定措施:a. 借鉴发达国家的做法,引入第三方检查机制,以降低政府检查成本;b. 加大对"不采取"企业的罚金;c. 加强政府检查部门执政水平的考核。

第二,目前我国国内碳交易市场处于试点阶段,清洁发展机制项目又有一定门槛,采取碳减排技术措施的制造企业成本较高并且收益较低,如果政府的奖惩力度不够,那么有限理性企业会选择"不采取"策略。为改变这种情况,政府可以从以下几方面入手:a. 提高对"采取"企业的补贴;b. 加大对"不采取"企业的惩罚力度;c. 通过提供相关信息和服务等方式,协助建立国内的碳交易市场,使企业从碳交易市场获得切实收益。

第三,如果制造企业"采取"所获得的各种收益之和大于因此付出的成本,则企业都会选择"采取"策略。这是一种比较理想和双赢的状态,未来可通过建立国内外大型碳交易市场来实现。在此情况下,政府应积极通过提供相关信息和培训等方式,帮助企业更好地开展碳减排方面的工作。

(2) 当 $0 \leqslant \dfrac{C_1 - R_1 - R_3}{R_2 + P} \leqslant 1$ 且 $0 \leqslant \dfrac{P - C_2}{P + R_2} \leqslant 1$ 时,系统存在一个中心点和四个鞍点,并且不存在演化稳定策略,通过仿真可知系统演化过程为周期运动的闭轨线环。这表明政府和制造企业两群体的博弈过程具有周期性,从另一方面说明了政府监督制造企业采取碳减排措施是一项长期性、艰巨性和反复性的工作。

(3) 当政府实施动态惩罚或者动态补贴的政策时,该系统都存在四个鞍点和一个稳定焦点。演化的轨线螺旋地内趋向于稳定焦点,这表明政府群体选择检查的概率随着时间的增加逐渐收敛,最终稳定在焦点,即混合策略中的 Nash 均衡点;从另一个侧面反映了政府对制造企业进行动态惩罚或动态补贴时制造企业和政府群体的博弈可达到均衡。图 3.5 和图 3.7 中均衡点 E_5' 和 E_5'' 是在一定的数值仿真条件下得到的,在现实中应明确政府和企业双方的收益成本,通过调整动态的惩罚或补偿措施,使均衡点中政府"检查"的概率 x 尽可能低的同时企业"采取碳减排措施"的概率 y 尽可能高。具体方法如下:

① 由 3.3 节中的分析可知,在动态惩罚和动态补贴的措施下,$x^{*\prime}(q) < 0$、$x^{**\prime}(P) < 0$ 且 $y^{*\prime}(q) > 0$、$y^{**\prime}(P) > 0$,政府通过提高惩罚的最高额度 q(在动

态补贴措施下为固定罚金 P),可以降低系统均衡点中 x 的值,同时提高 y 的值,即减少政府群体检查比例的同时推动企业群体碳减排措施的实施,是比较理想的措施;

② 在动态惩罚和动态补贴的措施下,有 $x^{*\prime}(R_2) < 0$、$x^{**\prime}(a) < 0$ 且 $y^{*\prime}(R_2) < 0$、$y^{**\prime}(a) < 0$,政府通过在一定范围内降低补偿 R_2(在动态补贴措施下为补偿上限 a),系统均衡点中 x 与 y 的值同时提升,即政府群体检查比例提高的同时企业群体中实施碳减排措施的比例也得到提高,是政府可以考虑的措施;

③ 在动态惩罚和动态补贴的措施下,有 $x^{*\prime}(C_1) > 0$、$x^{*\prime}(R_1) < 0$、$x^{*\prime}(R_3) < 0$ 且 $x^{**\prime}(C_1) > 0$、$x^{**\prime}(R_1) < 0$、$x^{**\prime}(R_3) < 0$,从政府的角度可以帮助企业降低成本,并通过提供相关信息和服务、建立国内的碳交易市场等方式提高企业收益,从而降低政府群体检查比例。

3.6　本章小结

本章针对电子产品制造企业是否采取碳减排措施的问题开展研究,通过建立政府和制造企业的演化博弈模型,分析政府驱动制造企业碳减排的博弈过程中双方的行为特征以及演化特点,为政府和电子产品制造企业提供对策建议和决策支持。

(1) 本博弈过程中存在三个演化稳定策略。当政府检查的成本高于对不采取碳减排措施电子产品制造企业的罚金时,最终有限理性政府会选择"不检查"策略;当制造企业采取碳减排措施的成本高于企业采取措施后带来的各项收益以及政府对没有采取碳减排措施企业的罚金之和时,最终有限理性企业会选择"不采取"策略;当制造企业采取碳减排措施的成本低于采取措施后带来的综合收益以及由清洁发展机制或国内碳交易项目获得的收益之和时,最终有限理性企业会选择"采取"策略。

(2) 当政府实施动态惩罚或动态补贴的政策时,政府群体和电子产品制造企业群体组成的系统都存在四个鞍点和一个稳定焦点。政府可通过提高对不采取碳减排措施企业的罚金和加大对采取碳减排措施企业的补贴等措施提高电子产品制造企业采取碳减排措施的概率和比例,进而推动电子产品制造企业碳减排工作的落实。

第 4 章 电子产品制造企业与供应商的碳减排合作模型研究

第 3 章分析了电子产品制造企业在政府的驱动作用下开展碳减排等供应链低碳化措施。在其开展行动之后,会对上游供应商产生影响以降低供应链碳排放,在这个过程中面临两方面的问题:首先,制造企业如何选择低碳环保的供应商进而减少供应链整体的碳排放;其次,制造企业和供应商应采取怎样的方式开展合作降低供应链生命周期的碳排放。基于此,在 4.1 节建立了电子产品制造企业的低碳供应商选择模型。在 4.2 节建立了电子产品制造企业与供应商的联合碳减排博弈模型,探索制造企业和供应商碳减排合作的方式和效果。

4.1 电子产品制造企业的低碳供应商选择模型

4.1.1 问题描述

进入 21 世纪后,温室气体排放导致全球变暖是人类面临的严峻挑战。相应地,"低碳"相关概念受到人们的关注与推崇,低碳理念已逐渐深入人心。据 LASH[131]的调查研究表明,低碳产品受到消费者的重视程度逐渐提升,越来越多的消费者愿意花更多的钱去购买低碳产品。为满足消费者的这种消费需求,企业已开始关注自身的碳排放问题。在研究企业的碳排放问题时,Shaw 等人[132]认为不仅要关注企业的直接碳排放,更要从生命周期的角度考虑企业所在供应链的整体碳排放。根据国外机构的调查结果显示,在考察企业的供应链碳排放时,只有 19% 的温室气体排放来自于该企业的直接运营活动,而高达 81% 的温室气体排放为供应链其他成员运行产生的间接排放,例如供应商的碳排放、企业购买电力的间接碳排放等[65]。目前,英国、法国、日本、新加坡等国已开展产品碳足迹标签项目,对产品的碳排放信息进行披露。我国也启动了与碳足迹认证相关的行动,中国质量认证中心(China Quality Certification Center,

CQC)在2013年对30余家企业进行了ISO14064温室气体核查及产品碳足迹认证。在此基础上,已有企业对供应商提出了控制温室气体排放的相关要求,而减少产品碳足迹的行动也逐渐成为企业选择供应商的标准之一[133]。在此背景下,选择适宜的供应商对减少电子产品制造企业间接碳排放以及所在供应链的整体碳排放起到了至关重要的作用。

针对供应商如何选择的问题,目前国内外学者主要从两个方面开展研究。一方面研究假设单一的供应商可以满足制造企业的全部需求,企业只需确定哪个供应商最优并从该供应商购买产品。例如,Chan等人[134]考虑了风险因素,使用模糊AHP方法对全球范围内的供应商进行选择;Lee等人[135]针对高科技行业企业,采用AHP方法建立了供应商选择模型。另一方面的研究认为单一的供应商难以满足企业的购买需求(从现实角度来说这种情况更为普遍),企业需要选择多个供应商进行产品购买。在此情况下,企业不仅需要选择最佳的供应商,同时要确定从每个供应商处购入的产品数量。Ho等人[136]通过查阅文献发现,目前采用AHP与GP相结合的方法在解决多供应商选择的问题方面最为通用。例如,Ku等人[137]将产品成本、产品质量、服务和风险四个因素作为选择供应商的标准,综合运用模糊AHP和模糊GP相结合的方法解决供应商的选择问题。

然而,上述文献较少将产品的碳排放因素纳入电子产品制造企业的供应商选择标准中,并鲜有文献将产品碳足迹最小化作为决策目标之一来进行供应商的选择。因此,本书考虑了更为普遍的多供应商选择问题,在考虑产品成本、产品质量和服务水平的基础上,将产品的碳排放纳入选择的标准之中,使用模糊AHP和模糊GP相结合的方法解决低碳供应商选择及订单确立的问题,为电子产品制造企业控制其间接碳排放、实现供应链低碳化提供决策支持。

4.1.2 低碳供应商选择模型

为解决电子产品制造企业的低碳供应商选择和订货量分配问题,本书采用了模糊AHP和模糊GP相结合的方法。首先,在考虑供应商产品碳足迹的基础上,使用模糊AHP方法计算供应商不同选择标准的权重(即相对重要性),然后使用这些权重数据作为模糊GP中各目标函数的系数,最终对电子产品制造企业从各个供应商处的订货数量进行决策。图4.1为模糊AHP-模糊GP结合方法的实施步骤。

首先,采用模糊 AHP 方法计算模糊 GP 中目标函数的系数,具体包括以下 4 个步骤:

步骤 1:确定供应商选择的标准并建立相应的指标体系;

步骤 2:对供应商选择的指标进行两两比较,确定指标间的相对重要性;

步骤 3:计算每个选择标准的权重;

步骤 4:最终确定模糊 GP 中各目标(成本、质量、服务、碳排放)函数系数。

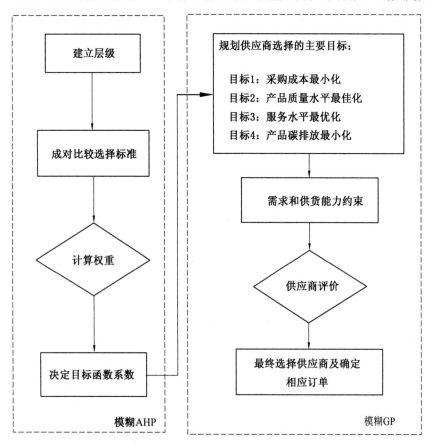

图 4.1　模糊 AHP－模糊 GP 结合方法的实施步骤

Figure 4.1　Implement steps of combined fuzzy AHP and fuzzy GP

其次,使用模糊 GP 解决供应商选择以及订货量分配问题,包括如下 4 个步骤：

步骤1：将由模糊AHP方法得到的指标权重作为系数代入模糊GP的目标函数中，建立包括采购成本最小化、产品质量水平最佳化、服务水平最优化和产品碳排放最小化的目标函数；

步骤2：明确决策者进行供应商选择的约束条件，包括供应商的供应能力和企业对供应商产品的需求；

步骤3：对此模糊GP进行求解；

步骤4：决策者根据步骤3所得的结果对低碳供应商进行选择，并确定各供应商的订货量。

1. 电子产品制造企业低碳供应商选择的AHP层级

本书开展了电子产品制造企业低碳供应商选择标准的相关分析。目前，国内外学者已对供应商选择的标准开展了诸多研究[134, 138-141]，本书综合分析了上述文献中关于供应商评价的指标体系，在考虑电子产品制造企业供应商的一般性选择标准如产品成本、产品质量水平和服务水平后，添加了供应商产品碳排放的选择标准，建立了低碳供应商选择的AHP层级，如图4.2所示。此AHP层级的总体目标为选择低碳供应商；第二层包括4个标准：产品成本(C1)、产品质量(C2)、服务水平(C3)和产品碳排放(C4)；第三层具体包括11个不同指标，即A1～A11。指标的具体解释以及文献来源见表4.1。

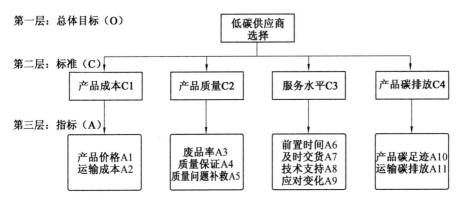

图4.2 低碳供应商选择的AHP层级

Figure 4.2　AHP Hierarchy for low carbon supplier selection

表 4.1　指标的解释及文献来源

Table 4.1 Explainations and sources of the indicators

第二层:标准	第三层:指标	指标解释及文献来源
产品成本	产品价格	产品价格包括生产成本、维护费用和保修成本[134, 138]
	运输成本	单位产品的固定运输费用与可变运输费用之和[138]
产品质量	废品率	因质量问题被退回的产品比例[134]
	质量保证	供应商对产品进行质量评估以保证质量[134]
	质量问题补救	供应商解决产品质量问题的能力[134]
服务水平	前置时间	从订购到供应商交货所间隔的时间[139, 140]
	及时交货	供应商按规定时间交付货物[141]
	技术支持	供应商提升技术水平以满足企业需求[138]
	应对变化	供应商对企业的变化(产品需求、订货频率等)迅速做出反应[134]
产品碳排放	产品碳足迹	供应商产品的碳标签[142]
	运输碳排放	从供应商生产产品到企业运输产品过程中产生的碳排放[142]

2. 电子产品制造企业低碳供应商选择的多模糊目标规划

(1) 多目标线性规划。

根据前文中阐述的内容,本书选择的模型目标包括:一是采购成本最低;二是产品质量水平最佳;三是服务水平最优;四是产品碳排放最少。在设定模型假设、符号、参数和决策变量后,在确定环境下电子产品制造企业供应商的选择问题可以围绕这四个准则构建多目标线性规划模型。

电子产品制造企业选取低碳产品供应商的决策环境较为复杂,为了便于分析本书建立的多目标线性规划模型相关解释如下:

① 模型假设。

电子产品制造企业从每个供应商处只购买同一种产品;不考虑购买数量带来的折扣;供应商提供给企业的产品没有短缺。

② 模型参数及解释。

D:在一个固定的计划周期内电子产品制造企业对供应商产品的总体需求;

n:可供电子产品制造企业选择的供应商数量;

p_i:电子产品制造企业从供应商 i 处购买产品的价格;

q_i:供应商 i 的综合产品质量水平;

s_i：供应商 i 的综合服务水平；

g_i：供应商 i 的产品单位碳排放水平；

U_i：供应商 i 的供货能力。

③ 决策变量。

x_i：电子产品制造企业从供应商 i 处订购的产品数量。

④ 线性规划模型。

参考 Kumar 等人[143]的研究成果，结合本书的研究内容，建立的多目标线性规划模型如下：

$$\text{Minimize } Z_1 = \sum_{i=1}^{n} p_i x_i \tag{4.1}$$

$$\text{Maximize } Z_2 = \sum_{i=1}^{n} q_i x_i \tag{4.2}$$

$$\text{Maximize } Z_3 = \sum_{i=1}^{n} s_i x_i \tag{4.3}$$

$$\text{Minimize } Z_4 = \sum_{i=1}^{n} g_i x_i \tag{4.4}$$

$$\text{s.t.} \sum_{i=1}^{n} x_i = D \tag{4.5}$$

$$x_i \leqslant U_i, i=1,2,\cdots,n \tag{4.6}$$

$$x_i \geqslant 0 \text{ 且 } x_i \text{ 为整数}, i=1,2,\cdots,n \tag{4.7}$$

其中，式(4.1)～式(4.4)分别表示电子产品制造企业选择供应商时的最小化成本、最佳化质量水平、最优化服务水平和最小化产品碳排放的目标；式(4.5)表示保证从所有供应商处购买的产品能满足该企业一定时期内对产品的总需求；式(4.6)表示企业从供应商处购买的产品数量不超出供应商的供货能力；式(4.7)表示决策变量不小于0且为整数。

(2) 多模糊 GP。

在供应商选择的实际操作中，电子产品制造企业和供应商之间往往存在信息不完全共享的情况，即供应商的信息存在一定的模糊性和不确定性。在描述供应商时，对其在某个选择标准上的评价可能不十分精确，例如"几乎没有质量问题""供应商 X 的供货能力在 3 000 至 3 500 之间"等。为解决关键信息的模糊性，在不确定环境下进行决策，Bellman 等人[144]提出了模糊规划模型，Zimmermann[145]随后使用模糊规划以解决多 GP 问题。鉴于此，本书考虑产品价格、产品质量、供应商服务水平和产品碳排放为模糊信息，建立电子产品制造企业低碳供应商选择的模糊规划，则上文中的多目标线性规划可转化为：

$$\sum_{i=1}^{n} p_i x_i \lesssim \tilde{Z}_1 \tag{4.8}$$

$$\sum_{i=1}^{n} q_i x_i \gtrsim \tilde{Z}_2 \tag{4.9}$$

$$\sum_{i=1}^{n} s_i x_i \gtrsim \tilde{Z}_3 \tag{4.10}$$

$$\sum_{i=1}^{n} g_i x_i \lesssim \tilde{Z}_4 \tag{4.11}$$

$$\text{s.t.} \quad \sum_{i=1}^{n} x_i = D \tag{4.12}$$

$$x_i \leqslant U_i, i=1,2,\cdots,n \tag{4.13}$$

$$x_i \geqslant 0 \text{ 且 } x_i \text{ 为整数}, i=1,2,\cdots,n \tag{4.14}$$

其中，~ 表示模糊环境，$\tilde{Z}_1 - \tilde{Z}_4$ 是电子产品制造企业决策者想达到的期望价格、质量水平、服务水平和产品碳排放。符号 $\lesssim$ 表示"基本小于或等于"，符号 $\gtrsim$ 表示"基本大于或等于"。本书将目标函数求最小值采用降半梯形法确定模糊集的隶属度函数，对目标函数求最大值采用升半梯形法确定模糊集的隶属度函数，则最小化目标函数 $Z_m(m=1,4)$ 和最大化目标函数 $Z_l(l=2,3)$ 的隶属度函数分别为

$$\mu_{Z_m}(x) = \begin{cases} 1, & Z_m \leqslant Z_m^- \\ f_{\mu Z_m} = \dfrac{Z_m^+ - Z_m(x)}{Z_m^+ - Z_m^-}, & Z_m^- \leqslant Z_m(x) \leqslant Z_m^+ \quad (m=1,4) \\ 0, & Z_m \geqslant Z_m^+ \end{cases}$$
$$\tag{4.15}$$

$$\mu_{Z_l}(x) = \begin{cases} 1, & Z_l \geqslant Z_l^+ \\ f_{\mu Z_l} = \dfrac{Z_l(x) - Z_l^-}{Z_l^+ - Z_l^-}, & Z_l^- \leqslant Z_l(x) \leqslant Z_l^+ \quad (l=2,3) \\ 0, & Z_l \leqslant Z_l^- \end{cases} \tag{4.16}$$

令 $Z_j^+(j=1,2,3,4)$ 表示各目标函数的上界，$Z_j^-(j=1,2,3,4)$ 表示各目标函数的下界，本书根据 Zimmermann 在文献[145]中提出的方法来确定 Z_j^+ 和 Z_j^-，分别为

$$\text{Max } Z_j(x)$$

$$\text{s.t.} \begin{cases} \sum_{i=1}^{n} x_i = D \\ x_i \leqslant U_i, i=1,2,\cdots,n \\ x_i \geqslant 0 \text{ 且 } x_i \text{ 为整数}, i=1,2,\cdots,n \end{cases} \tag{4.17}$$

$$\text{Min } Z_j(x)$$

$$\text{s.t.} \begin{cases} \sum_{i=1}^{n} x_i = D \\ x_i \leqslant U_i, i=1,2,\cdots,n \\ x_i \geqslant 0 \text{ 且 } x_i \text{ 为整数}, i=1,2,\cdots,n \end{cases} \tag{4.18}$$

则将上述模糊 GP 问题转化为其确定性等价形式,即

$$\text{Max } \lambda$$

$$\text{s.t.} \begin{cases} \lambda \leqslant f_{\mu Z_j}(x), j=1,2,3,4 \\ \sum_{i=1}^{n} x_i = D \\ x_i \leqslant U_i, i=1,2,\cdots,n \\ x_i \geqslant 0 \text{ 且 } x_i \text{ 为整数}, i=1,2,\cdots,n, \lambda \in [0,1] \end{cases} \tag{4.19}$$

因此,可将上述问题转化为普通的线性规划问题来求解,其中不同目标拥有相同的权重。然而在实际应用中,不同的决策者对目标的偏好不同,因此将模糊目标同等对待不尽合理。为解决此问题,本书采用了 Lin[146] 提出的加权最大－最小化模型。综上所述,在使用模糊 AHP 计算出电子产品制造企业低碳供应商选择标准的相对重要性后,根据相应结果赋予不同的目标以不同的权重,并用加权最大－最小化模型进行转化并求出多模糊 GP 的最优解,即

$$\text{Max } \lambda$$

$$\text{s.t.} \begin{cases} w_j \lambda \leqslant f_{\mu Z_j}(x), j=1,2,3,4 \\ \sum_{i=1}^{n} x_i = D, \sum_{j=1}^{4} w_j = 1 \\ x_i \leqslant U_i, i=1,2,\cdots,n \\ x_i \geqslant 0 \text{ 且 } x_i \text{ 为整数}, i=1,2,\cdots,n, \lambda \in [0,1] \end{cases} \tag{4.20}$$

4.1.3 算例分析

1. 模糊 AHP 确定选择标准的权重

本书以青岛市某电子产品制造企业为例来说明上述模型的有效性。该电子产品制造企业在购买某零部件产品时,在考虑一般的供应商选择标准如质量、成本和服务的基础上,将产品的环境友好性(即供应商产品的碳排放信息)纳入考量范围,期望购买产品的同时达到提高环境绩效和经济绩效的效果。在建立供应商选择标准后(图 4.2),本书采用问卷形式请该电子产品制造企业的采购经理对各标准及指标的相对重要程度进行评价,再使用模糊 AHP 方法计算标准和指标的权重。其中,该经理对评价标准的模糊判断矩阵见表 4.2。

表 4.2 评价标准的模糊判断矩阵

Table 4.2 The integrated fuzzy matrix of criteria

	产品成本(C1)	产品质量(C2)	服务水平(C3)	产品碳排放(C4)
产品成本(C1)	(1,1,1)	(1/2,1,5/4)	(1,2,5/2)	(7/3,3,13/4)
产品质量(C2)	(4/5,1,2)	(1,1,1)	(1/2,2,9/4)	(5/4,2,5/2)
服务水平(C3)	(2/5,1/2,1)	(4/9,1/2,2)	(1,1,1)	(1,2,9/4)
产品碳排放(C4)	(4/13,1/3,3/7)	(2/5,1/2,4/5)	(4/9,1/2,1)	(1,1,1)

根据 2.3.2 节中描述的模糊 AHP 的使用方法,电子产品制造企业低碳供应商选择标准相对重要性的计算过程如下:

$$\sum_{i=1}^{n}\sum_{j=1}^{n}M_{g_i}^j = (1,1,1)+(0.5,1,1.25)+\cdots+(1,1,1) = (13.37,19.33,25.23)$$

$$\left[\sum_{i=1}^{n}\sum_{j=1}^{n}M_{g_i}^j\right]^{-1} = (0.0396,0.0517,0.0748)$$

$$F_1 = \sum_{j=1}^{n}M_{g_1}^j \otimes \left[\sum_{i=1}^{n}\sum_{j=1}^{n}M_{g_i}^j\right]^{-1} = (4.83,7,8) \otimes (0.0396,0.0517,0.0748)$$
$$= (0.19,0.36,0.60)$$

$$F_2 = (3.55,6,7.75) \otimes (0.0396,0.0517,0.0748) = (0.14,0.31,0.58)$$

$$F_3 = (2.84,4,6.25) \otimes (0.0396,0.0517,0.0748) = (0.11,0.21,0.47)$$

$$F_4 = (2.15,2.33,3.23) \otimes (0.0396,0.0517,0.0748) = (0.09,0.12,0.24)$$

$$V(F_1 \geqslant F_2) = 1, V(F_1 \geqslant F_3) = 1, V(F_1 \geqslant F_4) = 1$$

$$V(F_2 \geqslant F_1) = \frac{0.19-0.58}{(0.31-0.58)-(0.36-0.19)} = 0.89$$

$$V(F_2 \geqslant F_3) = 1, V(F_2 \geqslant F_4) = 1$$

$$V(F_3 \geqslant F_1) = \frac{0.19 - 0.47}{(0.21 - 0.47) - (0.36 - 0.19)} = 0.65$$

$$V(F_3 \geqslant F_2) = \frac{0.14 - 0.47}{(0.21 - 0.47) - (0.31 - 0.14)} = 0.77, V(F_3 \geqslant F_4) = 1$$

$$V(F_4 \geqslant F_1) = \frac{0.19 - 0.24}{(0.12 - 0.24) - (0.36 - 0.19)} = 0.17$$

$$V(F_4 \geqslant F_2) = \frac{0.14 - 0.24}{(0.12 - 0.24) - (0.31 - 0.14)} = 0.34$$

$$V(F_4 \geqslant F_3) = \frac{0.11 - 0.24}{(0.12 - 0.24) - (0.21 - 0.11)} = 0.59$$

$$d(F_1) = \text{Min } V(F_1 \geqslant F_2, F_3, F_4) = \text{Min}(1,1,1) = 1$$

$$d(F_2) = \text{Min } V(F_2 \geqslant F_1, F_3, F_4) = \text{Min}(0.89,1,1) = 0.89$$

$$d(F_3) = \text{Min } V(F_3 \geqslant F_1, F_2, F_4) = \text{Min}(0.65, 0.77, 1) = 0.65$$

$$d(F_4) = \text{Min } V(F_4 \geqslant F_1, F_2, F_3) = \text{Min}(0.17, 0.34, 0.59) = 0.17$$

$$\boldsymbol{W}' = (1, 0.89, 0.65, 0.17)^T = (0.37, 0.33, 0.24, 0.06)^T$$

由上述模糊 AHP 结果分析可知，该电子产品制造企业在进行供应商选择中将产品的成本视为最重要的选择标准，其次是产品质量水平、供应商服务水平以及产品的碳排放，其权重分别为 0.37、0.33、0.24 和 0.06。由上述结果可以看出，产品的碳排放标准权重相对较低，说明该电子产品制造企业虽然将碳排放纳入选择标准之中，但与传统的选择标准相比受重视的程度还有一定差距。此外，本书根据专家对各指标的模糊判断矩阵进一步对各指标的相对重要性进行计算，结果见表 4.3～表 4.6。

表 4.3 产品成本模糊判断矩阵

Table 4.3 The integrated fuzzy matrix of product cost

C1	产品价格 A1	运输成本 A2	权重
产品价格 A1	(1,1,1)	(1,3,10/3)	0.74
运输成本 A2	(3/10,1/3,1)	(1,1,1)	0.26

表 4.4 产品质量模糊判断矩阵

Table 4.4 The integrated fuzzy matrix of product quality

C2	废品率 A3	质量保证 A4	质量问题补救 A5	权重
废品率 A3	(1,1,1)	(1,2,9/4)	(5/4,2,5/2)	0.56
质量保证 A4	(4/9,1/2,1)	(1,1,1)	(3/2,2,9/4)	0.36
质量问题补救 A5	(2/5,1/2,4/5)	(4/9,1/2,2/3)	(1,1,1)	0.08

表 4.5 供应商服务水平模糊判断矩阵
Table 4.5 The integrated fuzzy matrix of supplier service level

C3	前置时间 A6	及时交货 A7	技术支持 A8	应对变化 A9	权重
前置时间 A6	(1,1,1)	(1/2,1,5/4)	(1,2,9/4)	(5/2,3,13/4)	0.39
及时交货 A7	(4/5,1,2)	(1,1,1)	(1/2,1,5/4)	(1,2,5/2)	0.29
技术支持 A8	(4/9,1/2,1)	(4/5,1,2)	(1,1,1)	(1,2,9/4)	0.26
应对变化 A9	(4/13,1/3,2/5)	(2/5,1/2,1)	(4/9,1/2,1)	(1,1,1)	0.06

表 4.6 产品碳排放模糊判断矩阵
Table 4.6 The integrated fuzzy matrix of product carbon emission

C4	产品碳足迹 A10	运输碳排放 A11	权重
产品碳足迹 A10	(1,1,1)	(3/2,4,9/2)	0.88
运输碳排放 A11	(2/9,1/4,2/3)	(1,1,1)	0.12

2. 供应商选择的多模糊目标模型建立及求解

在此供应商选择模型中,考虑该制造企业有四个可供选择的供应商,供应商的选择标准包括产品成本、产品质量、服务水平和产品的碳排放。供应商的供货能力和企业的产品需求为模糊 GP 的约束条件。供应商的产品成本、产品质量、服务水平和产品的碳排放数据是模糊的,其模糊数值及供应商供货能力见表 4.7。参考 Ku 等人[137]的研究中对产品模糊信息的定义及处理方式,本书假定产品质量和服务水平的最高得分为 10,分数越高则表明产品质量和服务水平越好。其中制造企业的产品需求约为 1 000。

表 4.7 供应商信息
Table 4.7 Information of the suppliers

供应商	p_i(RMB)	q_i	s_i	$g_i(kg-CO_2e)$	U_i
1	13	9	8	0.8	400
2	8	6	7	1.4	300
3	10	8	6	1.1	400
4	11	7	10	1.5	250

根据上述供应商的相关信息和上文中选择标准的权重,建立多模糊 GP 模型。其中,目标 Z_1 为最小化产品购买成本,目标 Z_2 为最佳产品质量,目标 Z_3 为最优服务水平,目标 Z_4 为最小化产品的碳排放。

$$Z_1 = 13x_1 + 8x_2 + 10x_3 + 11x_4$$
$$Z_2 = 9x_1 + 6x_2 + 8x_3 + 7x_4$$
$$Z_3 = 8x_1 + 7x_2 + 6x_3 + 10x_4$$
$$Z_4 = 0.8x_1 + 1.4x_2 + 1.1x_3 + 1.5x_4$$

$$\text{s. t.} \quad x_1 + x_2 + x_3 + x_4 = 1\,000$$
$$x_1 \leqslant 400, x_2 \leqslant 300, x_3 \leqslant 400, x_4 \leqslant 250$$
$$x_i \geqslant 0 \text{ 且 } x_i \text{ 为整数}, i = 1, 2, 3, 4$$

根据式(4.15)～式(4.18),计算目标函数$Z_1 \sim Z_4$的上下界,结果见表4.8。

表4.8 目标函数的上界和下界

Table 4.8 Upper and lower bounds of the objective functions

	$\mu = 0$	$\mu = 1$	$\mu = 0$
Z_1	—	9 800	11 450
Z_2	7 200	8 200	—
Z_3	6 900	8 100	—
Z_4	—	1 040	1 275

进一步,根据式(4.19)和式(4.20),将此多模糊GP转化为单一目标的线性规划,如下所示。其中模糊目标的权重采用模糊AHP方法来确定,根据上文中得到的结果,本模型中的产品成本、产品质量、服务水平和产品碳排放目标的权重分别为0.37、0.33、0.24和0.06。

$$\text{Max } \lambda$$
$$\text{s. t.} \quad 0.37\lambda \leqslant \frac{11\,450 - (13x_1 + 8x_2 + 10x_3 + 11x_4)}{1\,650}$$
$$0.33\lambda \leqslant \frac{(9x_1 + 6x_2 + 8x_3 + 7x_4) - 7\,200}{1\,000}$$
$$0.24\lambda \leqslant \frac{(8x_1 + 7x_2 + 6x_3 + 10x_4) - 6\,900}{1\,200}$$
$$0.06\lambda \leqslant \frac{1\,275 - (0.8x_1 + 1.4x_2 + 1.1x_3 + 1.5x_4)}{235}$$
$$x_1 + x_2 + x_3 + x_4 = 1\,000$$
$$x_1 \leqslant 400, x_2 \leqslant 300, x_3 \leqslant 400, x_4 \leqslant 250$$
$$x_i \geqslant 0 \text{ 且 } x_i \text{ 为整数}, i = 1, 2, 3, 4$$

使用LINGO软件求解此整数线性规划,所得结果如下:
$$x_1 = 201, x_2 = 270, x_3 = 400, x_4 = 129$$
$$Z_1 = 10\,192, Z_2 = 7\,532, Z_3 = 7\,188, Z_4 = 1\,172.3$$

由上述计算结果可知,在考虑不同目标在不同权重的情况下,该电子产品制造企业最终在供应商1～4处的订货量分别为201、270、400和129。根据Zimmermann[145]提供的方法,在不同目标有相同权重的情况下计算此模糊规划的最优解,其结果与加权最大－最小化方法的结果比较,见表 4.9。

由表 4.9 可以看出,与令不同目标有相同权重的方法进行模糊规划求解相比,加权最大－最小化方法所得的结果中目标 $Z_1 \sim Z_3$ 的值减小、目标 Z_4 的值增大。这是因为加权最大－最小化方法模型中目标 Z_1 的权重较高,所以在此模型中更倾向于减少产品成本,而完成这个目标是以牺牲其他目标($Z_2 \sim Z_4$)为代价的,即 $Z_2 \sim Z_3$ 减小、Z_4 增大。

表 4.9　不同方法的最优解比较

Table 4.9　Comparison of the optimal solutions of different methods

	加权最大－最小化方法	Zimmermann 方法
x_1	201	257
x_2	270	176
x_3	400	364
x_4	129	203
Z_1	10 192	10 622
Z_2	7 532	7 702
Z_3	7 188	7 502
Z_4	1 172.3	1 156.9

4.1.4　本节小结

目前,电子产品制造企业的供应商选择问题不仅涉及经济、质量、服务等因素,供应商产品的碳排放也逐渐被纳入其选择标准之中。针对这一问题,本节中构建了低碳供应商选择的模糊 AHP－模糊 GP 模型,对如何降低电子产品制造企业的间接碳排放以及减少供应链全生命周期的碳排放具有参考意义,进一步为电子产品制造企业的供应链低碳化决策提供了借鉴和支持。通过算例验证,在使用模糊 AHP 确定目标函数的权重后,再采用模糊 GP 方法,可有效解决不确定性环境下电子产品制造企业的低碳供应商选择及订单分配问题。

4.2 电子产品制造企业与上游供应商联合碳减排博弈模型

4.2.1 问题描述

近年来,温室气体排放导致的全球气候变暖问题受到了人们的广泛关注,世界各国采取了种种措施以减少温室气体的排放。电子行业作为 20 世纪以来各国的战略性和支柱性产业,其高速发展的同时带来了大量的温室气体排放,因此得到了各国的重视。在电子产品制造企业受各国法规的约束下开展供应链低碳化行动的过程中,制造企业与供应商碳减排的相关合作作为有效降低产品碳足迹和供应链生命周期碳排放的措施之一,受到国内外学术界的关注。例如,Bocken 等人通过对利益相关者的分析,指出制造企业与上游供应商在节能减排领域的合作是降低供应链碳排放的重要途径[33];Zhang 等人[74]研究了制造企业与供应商间关于低碳技术的联合投资研究问题;Lukas 等人[77]建立了供应链中制造商和上游供应商联合碳减排投资的博弈模型,并就在该过程中如何提高供应链的经济和环境效益提出了相关建议。从现实角度来看,我国电子行业领域内已有领先企业与供应商开展上述碳减排合作,并取得竞争优势。例如,海尔集团作为我国电子行业的龙头企业,其在电冰箱的低碳研发方面与巴斯夫中国有限公司开展了深入合作,通过协作开发电冰箱新型的节能环保零部件提升了最终产品的能效,进而降低了电冰箱产品使用过程中的碳排放。与此同时,海尔集团与部分小型创新型企业开展了合作项目,联合投资开发新型的节能减排技术,并将其运用到最终产品之中。然而,在制造企业与供应商的碳减排合作过程中应采取怎样的合作方式?不同的合作方式对双方的利润以及产品的最终碳排放会产生怎样的影响?制造企业和供应商在怎样的条件下能够选择环境效益最大化的合作方式?这些都是具有现实意义的研究问题。

鉴于此背景,本节中采用博弈理论研究了电子产品制造企业和上游供应商的联合碳减排合作方式,并进一步分析了不同合作方式给供应链利润和产品碳减排水平带来的影响,为制造企业和供应商的碳减排合作模式提供借鉴和依据。

4.2.2 模型描述和基本假设

1. 模型描述

本书以一个二级供应链系统为研究对象,具体包括可进行节能减排的上游供应商和电子产品制造企业两个参与者。决策的具体过程为:首先,上游供应商对其零部件产品的碳排放进行控制并确定其碳减排水平,然后以批发价格将零部件产品卖给制造企业;其次,制造企业采取节能减排措施,并根据上游供应商的策略对其碳减排水平进行决策,进一步确定消费市场上最终产品的销售价格。图4.3描绘了博弈双方的具体决策过程。

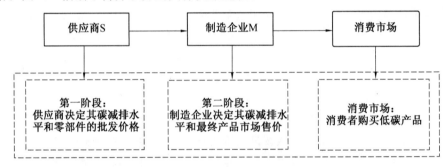

图 4.3 供应链成员决策示意图

Figure 4.3 The members' decision schematic diagram of the supply chain

2. 模型假设

(1) 本节中研究的供应链系统由一个供应商和一个电子产品制造企业组成,供应商为制造企业提供生产所需的特定零部件(如空调中的压缩机),制造企业则进行最终电子产品的生产。

(2) 本书假设供应商和制造企业都能进行产品的碳减排工作。其中供应商可以采取相应的减排技术和措施,减少其零部件产品的碳排放;而制造企业在最终产品的生产和组装过程中可以采取节能减排措施,降低最终产品的碳排放水平。则最终产品的碳减排水平 k 为供应商零部件的碳减排水平 k_S 和制造企业生产过程的碳减排水平 k_M 之和。

(3) 参考 Liu 等人[32]和 Gurnani 等人[147]的研究,本书假设消费者的购买行为受到产品的最终碳减排量的影响,即产品的市场需求 D 是产品的价格 p 以及产品的碳减排水平 k 的线性函数,其表达式如下:

$$D = a - p + \beta k \tag{4.21}$$

其中,a 为产品的市场规模;β 为最终产品的减排量对产品市场需求的影响系数,且 $a>0$、$\beta>0$。

(4) 本书借鉴了朱庆华等人[57]关于绿色研发成本的设定(研发成本与绿色度提升水平二次方呈正相关),假设供应商和制造企业的碳减排成本 $c(k_S)$ 和 $c(k_M)$ 分别为 k_S 和 k_M 的二次函数,即 $c(k_S)=\frac{1}{2}d_S k_S^2$ 并且 $c(k_M)=\frac{1}{2}d_M k_M^2$,其中 d_S 和 d_M 分别为供应商和制造企业的碳减排努力成本系数,并且 $d_S>0$、$d_M>0$。

(5) 供应链成员在博弈过程中,供应商和制造企业的信息对称并且为完全理性,并基于自身利润最大化的原则进行相关决策。

3. 模型符号

M:制造企业;

S:供应商;

k_S:零部件产品碳减排水平,是供应商的决策变量;

k_M:最终电子产品的碳减排水平,是制造企业的决策变量;

w:产品的批发价格,是供应商的决策变量;

p:产品的零售价格,是制造企业的决策变量;

c_M:制造企业的产品成本;

c_S:供应商的产品成本;

q:制造企业购买供应商产品的数量,假设与最终产品的市场需求量相同;

α:成本分担契约中,制造企业分担供应商减排成本的比例,$\alpha\in[0,1]$;

φ:收益共享契约中,制造企业付给供应商的收益比例,$\varphi\in[0,1]$。

4.2.3 制造企业与供应商集中决策

决策者以供应链利润最大化为目标,对产品的最终价格、供应商的碳减排水平和制造企业的碳减排水平进行决策,在集中决策下供应链的利润函数为

$$\Pi_C=(p-c_S-c_M)(a-p+\beta k_S+\beta k_M)-\frac{d_S k_S^2}{2}-\frac{d_M k_M^2}{2} \quad (4.22)$$

对式(4.22)分别求关于 p、k_S 和 k_M 的偏导数并令其为 0,可得如下表达式:

$$\frac{\partial \Pi_C}{\partial p}=a-2p+c_S+c_M+\beta k_S+\beta k_M=0 \quad (4.23)$$

$$\frac{\partial \Pi_C}{\partial k_S}=\beta(p-c_S-c_M)-d_S k_S=0 \quad (4.24)$$

$$\frac{\partial \Pi_C}{\partial k_M}=\beta(p-c_S-c_M)-d_M k_M=0 \quad (4.25)$$

则式(4.22)的海塞矩阵为

$$H(p,k_S,k_M) = \begin{pmatrix} \frac{\partial^2 \Pi_C}{\partial p^2} & \frac{\partial^2 \Pi_C}{\partial p \partial k_S} & \frac{\partial^2 \Pi_C}{\partial p \partial k_M} \\ \frac{\partial^2 \Pi_C}{\partial k_S \partial p} & \frac{\partial^2 \Pi_C}{\partial k_S^2} & \frac{\partial^2 \Pi_C}{\partial k_S \partial k_M} \\ \frac{\partial^2 \Pi_C}{\partial k_M \partial p} & \frac{\partial^2 \Pi_C}{\partial k_M \partial k_S} & \frac{\partial^2 \Pi_C}{\partial k_M^2} \end{pmatrix} = \begin{pmatrix} -2 & \beta & \beta \\ \beta & -d_S & 0 \\ \beta & 0 & -d_M \end{pmatrix} \quad (4.26)$$

由式(4.26)可知，当 β、d_S 和 d_M 满足条件 $2d_M - \beta^2 > 0$ 且 $2d_S d_M - d_S \beta^2 - d_M \beta^2 > 0$ 时，供应链利润 Π_C 拥有极大值。为使下文讨论有意义（碳减排水平、价格、供应链利润均大于0），假设 $a - c_S - c_M > 0$、$2d_M - \beta^2 > 0$ 且 $2d_S d_M - d_S \beta^2 - d_M \beta^2 > 0$。

联立式(4.23)～(4.25)进行求解，则在集中决策下的供应链的产品价格、供应商碳减排水平、制造企业碳减排水平和供应链利润分别为

$$p^C = \frac{(a + c_S + c_M)d_S d_M - (c_S + c_M)(d_S + d_M)\beta}{2d_S d_M - d_S \beta^2 - d_M \beta^2} \quad (4.27)$$

$$k_S^C = \frac{(a - c_S - c_M)d_M \beta}{2d_S d_M - d_S \beta^2 - d_M \beta^2} \quad (4.28)$$

$$k_M^C = \frac{(a - c_S - c_M)d_S \beta}{2d_S d_M - d_S \beta^2 - d_M \beta^2} \quad (4.29)$$

$$\Pi_C = \frac{(a - c_S - c_M)^2 d_S d_M}{2(2d_S d_M - d_S \beta^2 - d_M \beta^2)} \quad (4.30)$$

由上可知，在供应商和制造企业签订的契约中，当产品的价格 p、供应商碳减排水平 k_S 和制造企业碳减排水平 k_M 满足式(4.27)～(4.29)时，供应链利润可以实现协调并有最大值，此时产品的碳减排水平为

$$k = k_S + k_M = \frac{(a - c_S - c_M)(d_S + d_M)\beta}{2d_S d_M - d_S \beta^2 - d_M \beta^2}$$

4.2.4 制造企业与供应商分散决策

1. 批发价格契约

在此契约模型中，供应商首先确定其零部件产品碳减排水平 k_S，并将其零部件产品以批发价格 w 卖给制造企业；在下一阶段中，制造企业确定其产品碳减排水平 k_M，并以价格 p 将最终产品在市场上进行销售。则在此契约下供应商和制造企业的利润函数如下：

$$\Pi_S = (w - c_S)(a - p + \beta k_S + \beta k_M) - \frac{d_S k_S^2}{2} \quad (4.31)$$

$$\Pi_M = (p - w - c_M)(a - p + \beta k_S + \beta k_M) - \frac{d_M k_M^2}{2} \quad (4.32)$$

对式(4.32)分别求关于 p 和 k_M 的偏导数并令其为0,可得

$$\frac{\partial \Pi_M}{\partial p} = a - 2p + w + c_M + \beta k_S + \beta k_M = 0 \quad (4.33)$$

$$\frac{\partial \Pi_M}{\partial k_M} = \beta(p - w - c_M) - d_M k_M = 0 \quad (4.34)$$

则式(4.32)的海塞矩阵为

$$H(p, k_M) = \begin{pmatrix} \frac{\partial^2 \Pi_M}{\partial p^2} & \frac{\partial^2 \Pi_M}{\partial p \partial k_M} \\ \frac{\partial^2 \Pi_M}{\partial k_M \partial p} & \frac{\partial^2 \Pi_M}{\partial k_M^2} \end{pmatrix} = \begin{pmatrix} -2 & \beta \\ \beta & -d_M \end{pmatrix} \quad (4.35)$$

由式(4.35)可知,当 β 和 d_M 满足条件 $2d_M - \beta^2 > 0$ 时,式(4.32)拥有极大值。联立式(4.33)和式(4.34)进行求解,可得

$$p^* = \frac{(a + k_S \beta)d_M + (d_M - \beta^2)w + (d_M - \beta^2)c_M}{2d_M - \beta^2} \quad (4.36)$$

$$k_M^* = \frac{(a - w - c_M)\beta + k_S \beta^2}{2d_M - \beta^2} \quad (4.37)$$

将式(4.36)和式(4.37)代入到式(4.31)中,得供应商利润函数为

$$\Pi_S = \frac{(w - c_S)(a + \beta k_S - w - c_M)d_M}{2d_M - \beta^2} - \frac{d_S k_S^2}{2} \quad (4.38)$$

对式(4.38)分别求关于 w 和 k_S 的偏导,令之为0并联立求解,可得供应商零部件产品的批发价格及碳减排水平如下:

$$w^{1*} = \frac{(2d_S d_M - d_S \beta^2)(a + c_S - c_M) - c_S d_M \beta^2}{4d_S d_M - 2d_S \beta^2 - d_M \beta^2} \quad (4.39)$$

$$k_S^{1*} = \frac{(a - c_S - c_M)d_M \beta}{4d_S d_M - 2d_S \beta^2 - d_M \beta^2} \quad (4.40)$$

将式(4.39)和式(4.40)代入到式(4.36)和式(4.37)中,则制造企业产品的市场售价及碳减排水平为

$$p^{1*} = \frac{(3a + c_S + c_M)d_S d_M - (c_S + c_M)(d_S + d_M)\beta^2 - a d_S \beta^2}{4d_S d_M - 2d_S \beta^2 - d_M \beta^2} \quad (4.41)$$

$$k_M^{1*} = \frac{(a - c_S - c_M)d_S \beta}{4d_S d_M - 2d_S \beta^2 - d_M \beta^2} \quad (4.42)$$

将式(4.39)～(4.42)代入到式(4.31)和式(4.32)中,可得批发价格契约下供应商利润、制造企业利润和供应链利润分别为

$$\Pi_S^{1*} = \frac{(a-c_S-c_M)^2 d_S d_M}{2(4d_S d_M - 2d_S\beta^2 - d_M\beta^2)} \quad (4.43)$$

$$\Pi_M^{1*} = \frac{(a-c_S-c_M)^2 (2d_S d_M - d_S\beta^2) d_S d_M}{2(4d_S d_M - 2d_S\beta^2 - d_M\beta^2)^2} \quad (4.44)$$

$$\Pi_{SC}^{1*} = \Pi_S^{1*} + \Pi_M^{1*} = \frac{d_S d_M (a-c_S-c_M)^2 (6d_S d_M - 3d_S\beta^2 - d_M\beta^2)}{2(4d_S d_M - 2d_S\beta^2 - d_M\beta^2)^2} \quad (4.45)$$

观察式(4.40)～(4.42)和式(4.27)～(4.29)，易知 $p^{1*} \neq p^C$、$k_S^{1*} \neq k_S^C$ 且 $k_M^{1*} \neq k_M^C$，则可知此批发价格契约难以对供应链进行有效协调。

2. 成本分担契约

为进一步激励供应商开展其产品的碳减排工作，本书在批发价格契约的基础上设计了碳减排成本分担契约，即制造企业分担供应商一部分的碳减排成本。在此契约中供应商碳减排成本为 $\frac{d_S k_S^2}{2}$，其中制造企业分担的比例为 α，供应商分担的比例为 $1-\alpha$，并且 $\alpha \in [0,1]$，则供应商和制造企业的利润函数如下：

$$\Pi_S = (w-c_S)(a-p+\beta k_S+\beta k_M) - \frac{(1-\alpha)d_S k_S^2}{2} \quad (4.46)$$

$$\Pi_M = (p-w-c_M)(a-p+\beta k_S+\beta k_M) - \frac{\alpha d_S k_S^2}{2} - \frac{d_M k_M^2}{2} \quad (4.47)$$

对式(4.47)分别求关于 p 和 k_M 的偏导数并令其为0，联立方程组可得

$$p^* = \frac{(a+k_S\beta)d_M + (d_M-\beta^2)w + (d_M-\beta^2)c_M}{2d_M-\beta^2} \quad (4.48)$$

$$k_M^* = \frac{(a-w-c_M)\beta + k_S\beta^2}{2d_M-\beta^2} \quad (4.49)$$

将式(4.48)和式(4.49)代入到式(4.46)中，得供应商利润函数为

$$\Pi_S = \frac{(w-c_S)(a+\beta k_S - w - c_M)d_M}{2d_M-\beta^2} - \frac{(1-\alpha)d_S k_S^2}{2} \quad (4.50)$$

对式(4.50)分别求关于 w 和 k_S 的偏导数，令之为0并联立求解，则此时供应商零部件产品的批发价格及碳减排水平如下：

$$w^{2*} = \frac{(1-\alpha)(2d_S d_M - d_S\beta^2)(a+c_S-c_M) - c_S d_M\beta^2}{2(1-\alpha)(2d_S d_M - d_S\beta^2) - d_M\beta^2} \quad (4.51)$$

$$k_S^{2*} = \frac{(a-c_S-c_M)d_M\beta}{2(1-\alpha)(2d_S d_M - d_S\beta^2) - d_M\beta^2} \quad (4.52)$$

将式(4.51)和式(4.52)代入到式(4.48)和式(4.49)中，则此时制造企业产品的市场售价及碳减排水平为

$$p^{2*} = \frac{(1-\alpha)(3a+c_S+c_M)d_Sd_M - (c_S+c_M)[(1-\alpha)d_S+d_M]\beta^2 - (1-\alpha)ad_S\beta^2}{2(1-\alpha)(2d_Sd_M - d_S\beta^2) - d_M\beta^2}$$
(4.53)

$$k_M^{2*} = \frac{(1-\alpha)(a-c_S-c_M)d_S\beta}{2(1-\alpha)(2d_Sd_M - d_S\beta^2) - d_M\beta^2}$$
(4.54)

将式(4.52)~(4.54)代入到式(4.46)和式(4.47)中,可得成本分担契约下供应商利润、制造企业利润和供应链利润分别为

$$\Pi_S^{2*} = \frac{(1-\alpha)(a-c_S-c_M)^2 d_S d_M}{2(1-\alpha)(2d_Sd_M - d_S\beta^2) - d_M\beta^2}$$
(4.55)

$$\Pi_M^{2*} = \frac{(a-c_S-c_M)^2 d_S d_M [2(1-\alpha)^2 d_S d_M - (1-\alpha)^2 d_S\beta^2 - \alpha d_M\beta^2]}{2[2(1-\alpha)(2d_Sd_M - d_S\beta^2) - d_M\beta^2]^2}$$
(4.56)

$$\Pi_{SC}^{2*} = \frac{d_S d_M (a-c_S-c_M)^2 [6(1-\alpha)^2 d_S d_M - 3(1-\alpha)^2 d_S\beta^2 - d_M\beta^2]}{2[2(1-\alpha)(2d_Sd_M - d_S\beta^2) - d_M\beta^2]^2}$$
(4.57)

观察式(4.52)~(4.54)和式(4.27)~(4.29),易知 $p^{2*} \neq p^C$、$k_S^{2*} \neq k_S^C$ 且 $k_M^{2*} \neq k_M^C$,同理可得此成本分担契约也不能对供应链进行有效协调。

3. 收益共享契约

为协调供应链利润,本节建立了新型收益共享契约。在此契约中,供应商以较低的批发价格将零部件产品销售给制造企业,此批发价格一般小于或等于供应商产品的成本 $c_S(w \leqslant c_S)$。为弥补供应商损失,制造企业将其销售收入按一定比例 $1-\varphi$ 支付给供应商,其中 $\varphi \in [0,1]$。此外制造企业分担供应商一部分碳减排成本,分担比例为 α_1,其中 $\alpha_1 \in [0,1]$;供应商分担制造企业一部分的碳减排成本,分担比例为 $1-\alpha_2$,其中 $\alpha_2 \in [0,1]$。则收益共享契约下,供应商和制造企业的收益分别为

$$\Pi_S = (w-c_S)(a-p+\beta k_S+\beta k_M) - \frac{(1-\alpha_1)d_S k_S^2}{2} - \frac{(1-\alpha_2)d_M k_M^2}{2} + (1-\varphi)[(p-w-c_M)(a-p+\beta k_S+\beta k_M)]$$
(4.58)

$$\Pi_M = \varphi[(p-w-c_M)(a-p+\beta k_S+\beta k_M)] - \frac{\alpha_1 d_S k_S^2}{2} - \frac{\alpha_2 d_M k_M^2}{2}$$
(4.59)

命题 1 当 $w^{3*} = c_S$ 且 $\varphi = \alpha_1 = \alpha_2$ 时,该收益共享契约可以实现供应链利润的协调,并且

$$\varphi \in \left[\frac{(2d_Sd_M - d_S\beta^2)(2d_Sd_M - d_S\beta^2 - d_M\beta^2)}{(4d_Sd_M - 2d_S\beta^2 - d_M\beta^2)^2}, \frac{(2d_Sd_M - d_S\beta^2)}{(4d_Sd_M - 2d_S\beta^2 - d_M\beta^2)}\right]$$

证明 对式(4.59)分别求关于 p 和 k_M 的偏导数并令其为 0,可得

$$\frac{\partial \Pi_M}{\partial p} = \varphi(a - 2p + w + c_M + \beta k_S + \beta k_M) = 0 \quad (4.60)$$

$$\frac{\partial \Pi_M}{\partial k_M} = \varphi[\beta(p - w - c_M)] - \alpha_2 d_M k_M = 0 \quad (4.61)$$

联立式(4.60)和式(4.61)可得

$$p^* = \frac{(a + k_S \beta)\alpha_2 d_M + (\alpha_2 d_M - \varphi \beta^2)w + (\alpha_2 d_M - \varphi \beta^2)c_M}{2\alpha_2 d_M - \varphi \beta^2} \quad (4.62)$$

$$k_M^* = \frac{\varphi(a - w - c_M + k_S \beta)\beta}{2\alpha_2 d_M - \varphi \beta^2} \quad (4.63)$$

将式(4.62)和式(4.63)代入到式(4.58)中,可得供应商收益为

$$\Pi_S^* = \frac{(a + k_S \beta - w - c_M)^2 [2(1-\varphi)\alpha_2^2 d_M^2 - (1-\alpha_2)\varphi^2 d_M \beta^2]}{2(2\alpha_2 d_M - \varphi \beta^2)^2} - \frac{(1-\alpha_1)d_S k_S^2}{2} \quad (4.64)$$

将 $w^{3*} = c_S$ 代入到式(4.64)中,同时对(4.64)求关于 k_S 的偏导数并令其为 0,可得

$$k_S^{3*} = \frac{\beta(a - c_S - c_M)[2(1-\varphi)\alpha_2^2 d_M^2 - (1-\alpha_2)\varphi^2 d_M \beta^2]}{(1-\alpha_1)d_S(2\alpha_2 d_M - \varphi \beta^2)^2 - \beta^2[2(1-\varphi)\alpha_2^2 d_M^2 - (1-\alpha_2)\varphi^2 d_M \beta^2]} \quad (4.65)$$

将 $w^{3*} = c_S$ 和式(4.65)代入到式(4.62)和式(4.63)中,进一步得到制造企业的碳减排水平 k_M 和产品的市场销售价格 p 为

$$k_M^{3*} = \frac{\varphi(1-\alpha_1)(a - c_S - c_M)\beta d_S(2\alpha_2 d_M - \varphi \beta^2)}{(1-\alpha_1)d_S(2\alpha_2 d_M - \varphi \beta^2)^2 - \beta^2[2(1-\varphi)\alpha_2^2 d_M^2 - (1-\alpha_2)\varphi^2 d_M \beta^2]} \quad (4.66)$$

$$p^{3*} = \frac{(a + k_S^{3*}\beta)\alpha_2 d_M + (\alpha_2 d_M - \varphi \beta^2)c_S + (\alpha_2 d_M - \varphi \beta^2)c_M}{2\alpha_2 d_M - \varphi \beta^2} \quad (4.67)$$

通过比较式(4.65)~(4.67)和式(4.27)~(4.29),可以看出当 $\varphi = \alpha_1 = \alpha_2$ 时,有 $k_S^{3*} = k_S^C$、$k_M^{3*} = k_M^C$ 且 $p^{3*} = p^C$ 成立,即该收益共享契约可以实现供应链的协调。

进一步地,将 $k_S^{3*} = k_S^C$、$k_M^{3*} = k_M^C$ 和 $p^{3*} = p^C$ 代入到式(4.62)式(4.63)中,易知 $\Pi_S^{3*} = (1-\varphi)\Pi_C$,$\Pi_M^{3*} = \varphi \Pi_C$ 并且 $\Pi_{SC}^{3*} = \Pi_S^{3*} + \Pi_M^{3*} = \Pi_C$。此收益共享契约对供应链成员的利润进行了分配,为保证契约的有效性且能被供应商和制造企业接受,则执行该收益共享契约时制造企业和供应商的利润需要大于执行批发价格契约时制造企业和供应商的利润,即

$$\Pi_S^{3*} = (1-\varphi)\Pi_C \geqslant \Pi_S^{1*} \text{ 且 } \Pi_M^{3*} = \varphi\Pi_C \geqslant \Pi_M^{1*}$$

进而得到 φ 的取值范围如下:

$$\varphi \in \left[\frac{(2d_Sd_M - d_S\beta^2)(2d_Sd_M - d_S\beta^2 - d_M\beta^2)}{(4d_Sd_M - 2d_S\beta^2 - d_M\beta^2)^2}, \frac{(2d_Sd_M - d_S\beta^2)}{(4d_Sd_M - 2d_S\beta^2 - d_M\beta^2)}\right] \quad (4.68)$$

4.2.5 不同契约下产品碳减排水平及供应链利润分析

在本小节中,讨论供应商零部件产品碳减排成本系数 d_S 和制造企业碳减排成本系数 d_M 对产品的最终碳减排水平 k 和供应链利润 Π_{SC} 产生的影响。其中,不同契约下产品的综合碳减排水平和供应链利润的均衡解见表 4.10。

1. 不同契约下产品的碳减排水平

考虑 d_S、d_M 和 α 不同的取值范围,本小节中比较不同契约产品最终碳减排水平的大小。由表 4.10 可知

$$k_S^{3*} - k_S^{1*} = \frac{(a - c_S - c_M)d_Sd_M\beta(2d_M - \beta^2)}{(2d_Sd_M - d_S\beta^2 - d_M\beta^2)(4d_Sd_M - 2d_S\beta^2 - d_M\beta^2)} \quad (4.69)$$

$$k_M^{3*} - k_M^{1*} = \frac{(a - c_S - c_M)d_Sd_M\beta(2d_M - \beta^2)}{(2d_Sd_M - d_S\beta^2 - d_M\beta^2)(4d_Sd_M - 2d_S\beta^2 - d_M\beta^2)} \quad (4.70)$$

表 4.10 不同契约下各变量的均衡解

Table 4.10 The equilibrium solutions of the variables under different contracts

变量	批发价格契约	成本分担契约	收益共享契约
k	$\dfrac{(a-c_S-c_M)(d_S+d_M)\beta}{4d_Sd_M - 2d_S\beta^2 - d_M\beta^2}$	$\dfrac{(a-c_S-c_M)[(1-\alpha)d_S+d_M]\beta}{2(1-\alpha)(2d_Sd_M - d_S\beta^2) - d_M\beta^2}$	$\dfrac{(a-c_S-c_M)(d_S+d_M)\beta}{2d_Sd_M - d_S\beta^2 - d_M\beta^2}$
k_S	$\dfrac{(a-c_S-c_M)d_M\beta}{4d_Sd_M - 2d_S\beta^2 - d_M\beta^2}$	$\dfrac{(a-c_S-c_M)d_M\beta}{2(1-\alpha)(2d_Sd_M - d_S\beta^2) - d_M\beta^2}$	$\dfrac{(a-c_S-c_M)d_M\beta}{2d_Sd_M - d_S\beta^2 - d_M\beta^2}$
k_M	$\dfrac{(a-c_S-c_M)d_S\beta}{4d_Sd_M - 2d_S\beta^2 - d_M\beta^2}$	$\dfrac{(1-\alpha)(a-c_S-c_M)d_S\beta}{2(1-\alpha)(2d_Sd_M - d_S\beta^2) - d_M\beta^2}$	$\dfrac{(a-c_S-c_M)d_S\beta}{2d_Sd_M - d_S\beta^2 - d_M\beta^2}$
Π_{SC}	$\dfrac{d_Sd_M(a-c_S-c_M)^2(6d_Sd_M - 3d_S\beta^2 - d_M\beta^2)}{2(4d_Sd_M - 2d_S\beta^2 - d_M\beta^2)^2}$	$\dfrac{d_Sd_M(a-c_S-c_M)^2[6(1-\alpha)^2d_Sd_M - 3(1-\alpha)^2d_S\beta^2 - d_M\beta^2]}{2[2(1-\alpha)(2d_Sd_M - d_S\beta^2) - d_M\beta^2]^2}$	$\dfrac{(a-c_S-c_M)^2d_Sd_M}{2(2d_Sd_M - d_S\beta^2 - d_M\beta^2)}$

由式 (4.69) 和式 (4.70) 可知,当 $2d_Sd_M - d_S\beta^2 - d_M\beta^2 > 0$ 且 $4d_Sd_M - 2d_S\beta^2 - d_M\beta^2 > 0$ 时,有 $k_S^{3*} > k_S^{1*}$ 且 $k_M^{3*} > k_M^{1*}$,则此时有

$$k^{3*} = k_S^{3*} + k_M^{3*} > k^{1*} = k_S^{1*} + k_M^{1*}$$

即收益共享契约下的产品最终碳减排水平大于批发价格契约下的产品最终碳减排水平。

$$k_S^{2*} - k_S^{1*} = \frac{2\alpha(a - c_S - c_M)d_S d_M \beta(2d_M - \beta^2)}{[2(1-\alpha)(2d_S d_M - d_S \beta^2) - d_M \beta^2](4d_S d_M - 2d_S \beta^2 - d_M \beta^2)} \tag{4.71}$$

$$k_M^{2*} - k_M^{1*} = \frac{\alpha(a - c_S - c_M)d_S d_M \beta^3}{[2(1-\alpha)(2d_S d_M - d_S \beta^2) - d_M \beta^2](4d_S d_M - 2d_S \beta^2 - d_M \beta^2)} \tag{4.72}$$

由式(4.71)和式(4.72)可知，当 $2d_S d_M - d_S \beta^2 - d_M \beta^2 > 0$ 且 $4d_S d_M - 2d_S \beta^2 - d_M \beta^2 > 0$ 时，有 $k_S^{2*} > k_S^{1*}$ 且 $k_M^{2*} > k_M^{1*}$，则此时有

$$k^{2*} = k_S^{2*} + k_M^{2*} > k^{1*} = k_S^{1*} + k_M^{1*}$$

即成本分担契约下的产品最终碳减排水平大于批发价格契约下的产品最终碳减排水平。

$$k_S^{3*} - k_S^{2*} = \frac{(1-2\alpha)(a - c_S - c_M)d_S d_M \beta(2d_M - \beta^2)}{[2(1-\alpha)(2d_S d_M - d_S \beta^2) - d_M \beta^2](2d_S d_M - d_S \beta^2 - d_M \beta^2)} \tag{4.73}$$

由式(4.73)可知，当 $2(1-\alpha)(2d_S d_M - d_S \beta^2) - d_M \beta^2 > 0$ 且 $4d_S d_M - 2d_S \beta^2 - d_M \beta^2 > 0$ 时，k_S^{3*} 与 k_S^{2*} 大小与 α 有关：

当 $0 < \alpha < \frac{1}{2}$ 时，有 $k_S^{3*} > k_S^{2*}$；

当 $\alpha = \frac{1}{2}$ 时，$k_S^{3*} = k_S^{2*}$；

当 $\frac{1}{2} < \alpha < 1$ 时，$k_S^{3*} < k_S^{2*}$。

$$k_M^{3*} - k_M^{2*} = \frac{(a - c_S - c_M)d_S \beta[2(1-\alpha)d_S d_M - (1-\alpha)d_S \beta^2 - \alpha d_M \beta^2]}{[2(1-\alpha)(2d_S d_M - d_S \beta^2) - d_M \beta^2](2d_S d_M - d_S \beta^2 - d_M \beta^2)} \tag{4.74}$$

由式(4.74)可知，当 $2(1-\alpha)(2d_S d_M - d_S \beta^2) - d_M \beta^2 > 0$ 且 $2d_S d_M - d_S \beta^2 - d_M \beta^2 > 0$ 时，k_M^{3*} 与 k_M^{2*} 的大小与 α 的取值有关，即大小关系不定：

当 $0 < \alpha < \frac{2d_S d_M - d_S \beta^2}{2d_S d_M - d_S \beta^2 + d_M \beta^2}$ 时，$k_M^{3*} > k_M^{2*}$；

当 $\alpha = \frac{2d_S d_M - d_S \beta^2}{2d_S d_M - d_S \beta^2 + d_M \beta^2}$ 时，$k_M^{3*} = k_M^{2*}$；

当 $\dfrac{2d_Sd_M - d_S\beta^2}{2d_Sd_M - d_S\beta^2 + d_M\beta^2} < \alpha < 1$ 时,$k_M^{3*} < k_M^{2*}$。

在满足 $2(1-\alpha)(2d_Sd_M - d_S\beta^2) - d_M\beta^2 > 0$ 且 $2d_Sd_M - d_S\beta^2 - d_M\beta^2 > 0$ 的条件下,容易得到 $\dfrac{2d_Sd_M - d_S\beta^2}{2d_Sd_M - d_S\beta^2 + d_M\beta^2} > \dfrac{1}{2}$,结合式(4.73)和式(4.74)的相关分析,可以得到:

当 $0 < \alpha \leqslant \dfrac{1}{2}$ 时,有 $k_S^{3*} \geqslant k_S^{2*}$ 且 $k_M^{3*} > k_M^{2*}$,则 $k^{3*} > k^{2*}$;

当 $\dfrac{1}{2} < \alpha < \dfrac{2d_Sd_M - d_S\beta^2}{2d_Sd_M - d_S\beta^2 + d_M\beta^2}$ 时,有 $k_S^{3*} < k_S^{2*}$ 且 $k_M^{3*} > k_M^{2*}$,则 k^{3*} 与 k^{2*} 关系不确定;

当 $\dfrac{2d_Sd_M - d_S\beta^2}{2d_Sd_M - d_S\beta^2 + d_M\beta^2} \leqslant \alpha < 1$ 时,有 $k_S^{3*} < k_S^{2*}$ 且 $k_M^{3*} \leqslant k_M^{2*}$,则此时 $k^{3*} < k^{2*}$。

综上所述,无论 α 取何值,批发价格契约下产品最终碳减排水平都小于与成本分担契约和收益共享契约下产品最终碳减排水平。与此同时,成本分担契约和收益共享契约下的产品最终碳减排水平的大小关系与 α 有关:

当 $0 < \alpha \leqslant \dfrac{1}{2}$ 时,收益共享契约下产品最终碳减排水平大于成本分担契约下产品最终碳减排水平;

当 $\dfrac{1}{2} < \alpha < \dfrac{2d_Sd_M - d_S\beta^2}{2d_Sd_M - d_S\beta^2 + d_M\beta^2}$ 时,收益共享契约下产品最终碳减排水平和成本分担契约下产品最终碳减排水平大小关系难以确定;

当 $\dfrac{2d_Sd_M - d_S\beta^2}{2d_Sd_M - d_S\beta^2 + d_M\beta^2} \leqslant \alpha < 1$ 时,收益共享契约下产品最终碳减排水平小于成本分担契约下产品最终碳减排水平。从现实角度来看,电子产品制造企业在采取成本分担契约的基础上,可以通过提高分担比例系数 α 的大小进一步提升该契约下产品最终的碳减排水平。

2. 不同契约下供应链的利润

考虑 d_S、d_M 和 α 不同的取值范围,本小节中比较执行不同契约时供应链整体利润的大小。由表 4.10 可知:

$$\Pi_{SC}^{3*} - \Pi_{SC}^{1*} = \dfrac{d_S^3 d_M (a - c_S - c_M)^2 (2d_M - \beta^2)^2}{2(2d_Sd_M - d_S\beta^2 - d_M\beta^2)(4d_Sd_M - 2d_S\beta^2 - d_M\beta^2)^2} \quad (4.75)$$

由式(4.75)可知,当满足条件 $2d_Sd_M - d_S\beta^2 - d_M\beta^2 > 0$ 且 $4d_Sd_M - 2d_S\beta^2 - d_M\beta^2 > 0$ 时,有 $\Pi_{SC}^{3*} - \Pi_{SC}^{1*} > 0$,即执行收益共享契约时供应链的整体利

润大于执行批发价格契约时供应链的整体利润。

$$\varPi_{SC}^{3*} - \varPi_{SC}^{2*} \geq \frac{d_S^3 d_M (1-\alpha)^2 (a-c_S-c_M)^2 (2d_M-\beta^2)^2}{2(2d_S d_M - d_S \beta^2 - d_M \beta^2)[2(1-\alpha)(2d_S d_M - d_S \beta^2) - d_M \beta^2]^2}$$

(4.76)

由式(4.76)可知,当 $2d_S d_M - d_S \beta^2 - d_M \beta^2 > 0$ 且 $2(1-\alpha)(2d_S d_M - d_S \beta^2) - d_M \beta^2 > 0$ 时,有 $\varPi_{SC}^{3*} - \varPi_{SC}^{2*} > 0$,即收益共享契约下的供应链利润大于成本分担契约下的供应链利润。

4.2.6 数值仿真分析

1. 参数 d_S 和参数 d_M 对产品碳减排水平 k 的影响

为研究供应商碳减排成本系数 d_S 对产品最终碳减排水平产生的影响,本书以施乐7100型彩色打印机为例进行数值仿真分析。该打印机目前碳排放水平为 2 000 kg $-$ CO_2 e[148],其市场售价合人民币约为 8 400 元。假设产品市场容量 $a=5\ 500$,供应商产品生产成本 $c_S=1\ 000$,制造企业产品生产成本 $c_M=4\ 000$,产品市场能力系数 $\beta=2$,制造企业碳减排成本系数 $d_M=10$,则仿真结果如图4.4所示。由图4.4可知,当 $\alpha=0.7$ 时,在成本分担契约下的产品碳减排水平最高,大于收益共享契约和批发价格契约下的产品碳减排水平,这也验证了4.2.4节中的结论;当 $\alpha=0.3$ 时,收益共享契约下的产品碳减排水平最高,在成本分担契约下的产品碳减排水平次之,批发价格下的产品碳减排水平最低。并且随着供应商碳减排成本系数 d_S 的增大,三种契约下产品的碳减排水平也呈现下降趋势。

同样,假设 $a=5\ 500,c_S=1\ 000,c_M=4\ 000,\beta=2,d_S=12$,则电子产品制造企业碳减排成本系数 d_M 对产品最终碳减排水平影响的仿真结果如图 4.5 所示。由图 4.5 可以看出,在上述条件下批发价格契约的产品碳减排水平最低,收益共享契约的产品碳减排水平最高;当成本分担比例 α 取不同值时(令 $\alpha=0.45$ 和 $\alpha=0.55$),成本分担契约的产品碳减排水平处于中游水平,并且当 α 增加时成本分担契约下的产品碳减排水平有所提升。随着制造企业碳减排成本系数 d_M 的增大,三种契约下产品的最终碳减排水平都呈现下降趋势。

2. 参数 d_S 和参数 d_M 对供应链利润 $\varPi_{SC}$ 的影响

本小节中分析供应商碳减排成本系数 d_S 和制造企业碳减排成本系数 d_M 对供应链利润 $\varPi_{SC}$ 分别产生的影响。假设 $a=5\ 500,c_S=1\ 000,c_M=4\ 000,\beta=2,d_M=10$,则供应商碳减排成本系数 d_S 对供应链利润影响的仿真结果如图 4.6 所示。由图 4.6 可以看出,在上述条件下,在收益共享契约下的供应链利润最大,

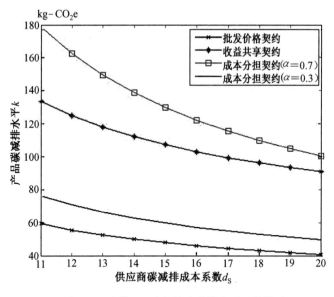

图 4.4　参数 d_S 对产品碳减排水平 k 的影响

Figure 4.4　The influence of parameter d_S on carbon emission reduction level k

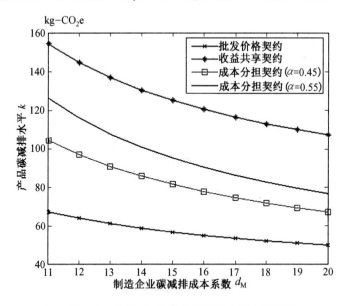

图 4.5　参数 d_M 对产品碳减排水平 k 的影响

Figure 4.5　The influence of parameter d_M on carbon emission reduction level k

在批发价格契约下的供应链利润次之,$\alpha=0.6$ 时成本分担契约下的供应链利润最小。随着供应商碳减排成本系数 d_S 的增大,收益共享和批发价格契约下的供应链利润呈下降趋势,而成本分担契约下的供应链利润先上升后下降。

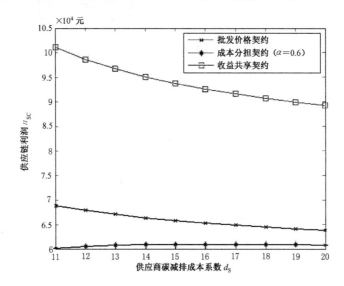

图 4.6 参数 d_S 对供应链利润 Π_{SC} 的影响

Figure 4.6 The influence of parameter d_S on the supply chain profit Π_{SC}

同样,假设 $a=5\,500, c_S=1\,000, c_M=4\,000, \beta=2, d_S=12$,则制造企业碳减排成本系数 d_M 对供应链利润影响的仿真结果如图 4.7 所示。由图 4.7 可知,上述条件下在三种契约方式中收益共享契约下供应链的利润最大,批发价格契约下的供应链利润最小,$\alpha=0.4$ 时成本分担契约下的供应链利润处于中游水平。并且随着制造企业碳减排成本系数 d_M 的增大,三种契约下供应链利润都呈下降趋势。

3. 参数 d_S 和参数 d_M 对供应链的综合影响

假设 $a=5\,500, c_S=1\,000, c_M=4\,000, \beta=2$,则供应商碳减排成本系数 d_S 和制造企业碳减排成本系数 d_M 对产品碳减排水平的影响如图 4.8 所示。由图 4.8 可以看出,上述条件下收益共享契约下产品的碳减排水平最高,成本分担下产品的碳减排水平处于中游水平,批发价格下产品的碳减排水平最低。

同样地,假设 $a=5\,500, c_S=1\,000, c_M=4\,000, \beta=2$,则供应商碳减排成本系数 d_S 和制造企业碳减排成本系数 d_M 对供应链利润综合影响的仿真结果如图 4.9 所示。由图 4.9 可知,上述条件下在三种契约方式中收益共享契约下供应链的利润最大,成本分担契约下供应链利润次之,批发价格下的供应链利润最小。

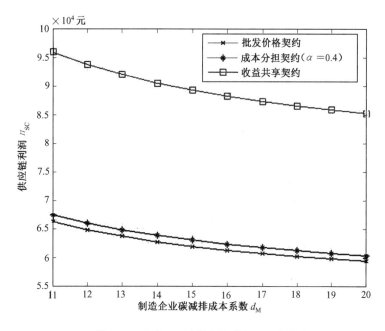

图 4.7 参数 d_M 对供应链利润 Π_{SC} 的影响

Figure 4.7 The influence of parameter d_M on the supply chain profit Π_{SC}

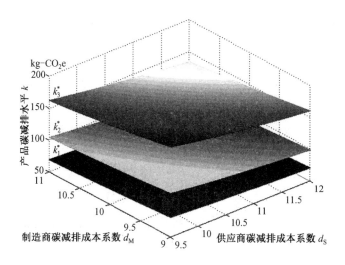

图 4.8 参数 d_S 和参数 d_M 对产品碳减排水平 k 的综合影响

Fig. 4.8 The joint effect of parameter d_S and parameter d_M on carbon emission reduction level k

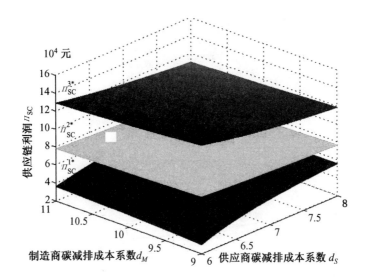

图 4.9 参数 d_S 和参数 d_M 对供应链利润 Π_{SC} 的综合影响

Fig. 4.9 The joint effect of parameter d_S and parameter d_M on the supply chain profit Π_{SC}

4.2.7 模型结论

为探索供应链中电子产品制造企业和上游供应商的联合碳减排机制,本书使用博弈论的方法建立了三种契约模型,并对不同契约下产品的最终碳减排水平和供应链利润开展了比较分析,得出以下结论:

(1) 三种契约中只有收益共享契约能对供应链利润有效协调,即执行收益共享契约时供应链的整体利润等于供应链集中决策时的利润;同时批发价格契约及成本分担契约均不能对供应链利润进行协调,并且执行批发价格契约和成本分担契约时供应链整体利润大小关系不定。

(2) 不同契约下产品最终的碳减排水平大小关系与参数 α 有关,具体如下:

① 当 $0 < \alpha \leq \dfrac{1}{2}$,$2d_S d_M - d_S \beta^2 - d_M \beta^2 > 0$ 且 $2(1-\alpha)(2d_S d_M - d_S \beta^2) - d_M \beta^2 > 0$ 时,有 $k^{3*} > k^{2*} > k^{1*}$。即收益共享契约下的产品碳减排水平最高,成本分担契约下的产品碳减排水平次之,批发价格契约下的产品碳减排水平最低。此时收益共享契约不仅达到供应链利润的协调,并且拥有最高的产品碳减排水平。

② 当 α、d_S 和 d_M 满足条件 $\frac{1}{2} < \alpha < \frac{2d_Sd_M - d_S\beta^2}{2d_Sd_M - d_S\beta^2 + d_M\beta^2}$、$2d_Sd_M - d_S\beta^2 - d_M\beta^2 > 0$ 以及 $2(1-\alpha)(2d_Sd_M - d_S\beta^2) - d_M\beta^2 > 0$ 时，$k^{3*} > k^{1*}$ 且 $k^{2*} > k^{1*}$。此时批发价格契约下的产品碳减排水平最低，收益共享契约和成本分担契约下的产品碳减排水平大小关系不定。

③ 当 α、d_S 和 d_M 满足条件 $\frac{1}{2} < \alpha < \frac{2d_Sd_M - d_S\beta^2}{2d_Sd_M - d_S\beta^2 + d_M\beta^2}$、$2d_Sd_M - d_S\beta^2 - d_M\beta^2 > 0$ 以及 $2(1-\alpha)(2d_Sd_M - d_S\beta^2) - d_M\beta^2 > 0$ 时，有 $k^{2*} > k^{3*} > k^{1*}$。此时成本分担契约下的产品碳减排水平大于收益共享下的产品碳减排水平。尽管此时成本分担契约下产品碳减排水平较高，但由于供应链整体利润较低，该契约被供应链成员执行的可能性较小。为此政府可以针对供应链开展补贴，促使供应链成员选择成本分担契约并生产碳排放更低的产品。

（3）在本小节中，通过设计不同的供应链契约研究了电子产品制造企业与上游供应商的碳减排合作机制。研究结果表明，在一定条件下执行收益共享契约可有效提升供应链成员的利润并能够最小化电子产品的最终碳排放水平，即兼顾经济性的同时减少电子产品在使用过程中产生的间接碳排放，进而达到降低电子行业供应链生命周期碳排放的目的。

4.3 本章小结

本章的主要目的是探索电子产品制造企业如何影响上游供应商开展碳减排行动以减少供应链生命周期的碳排放，重点研究了电子产品制造企业如何进行低碳供应商的选择以及电子产品制造企业与上游供应商的碳减排合作机制。主要结论如下：

（1）将供应商碳排放纳入电子产品制造企业的供应商选择标准中，与产品成本、质量、服务水平因素综合考虑，采用模糊AHP建立了电子产品制造企业低碳供应商的评价模型，进一步使用模糊目标规划解决模糊决策环境下多供应商的订单分配问题，并通过算例验证了上述模型的实用性。

（2）研究了电子产品制造企业和上游供应商如何通过不同的契约方式开展碳减排的合作，其中收益共享契约下供应链利润能够达到协调，并且一定条件下其产品的碳减排水平在三种契约中最高；在特定的条件下，成本分担契约下的产品碳减排水平最大，高于收益共享契约下的产品碳减排水平。

第5章　电子产品制造企业与零售商的联合碳减排博弈模型研究

第4章研究了电子产品制造企业的低碳供应商评价及选择模型,并分析了制造企业与供应商的联合碳减排方式。本章对供应链低碳化过程中的另一方面重要内容——制造企业与下游零售商的合作碳减排方式展开讨论。本章考虑了消费者的低碳偏好,首先建立了制造企业与零售商的合作碳减排协调契约模型,并分析了不同方式下的合作碳减排对供应链利润和产品碳排放产生的影响。进一步,考虑了多供应链竞争对制造企业与零售商的碳减排合作带来的影响。

5.1　电子产品制造企业与下游零售商联合碳减排协调契约模型

5.1.1　问题描述及参数假设

为应对气候变化、寻求可持续的经济发展模式,1992年全球多个国家联合签署了《联合国气候变化框架公约》,在此基础上通过了《京都议定书》,并于2009年的哥本哈根会议上商讨《京都议定书》到期后的后续合作方案,有效地减少了全球范围内的温室气体排放。在具体碳减排的实践过程中,多数国家将碳减排目标分解后下放到各工业实体,这种环境方面的压力促使制造企业采取绿色供应链管理作为其核心的环境策略,并通过和供应链上下游企业的合作达到减少其产品碳排放的目的[149]。而电子行业作为各国的战略性和支柱性产业,带来巨大经济效益的同时其产品在生命周期内产生了大量的温室气体,碳减排方面的压力也日益提升。

另一方面,随着各国碳减排行动的实施,目前消费者的低碳消费偏好日益增强,单位产品的碳排放也逐渐成为产品的重要属性之一[150]。国内外学者的研究表明,低碳的电子产品不仅能增强其市场竞争性,同时消费者还愿意付出更高的价格购买低碳产品[151]。据埃森哲一项全球性的调研显示,超过80%的被调研者在购买产品时对产品的碳足迹有所考虑[152]。为引导消费者低碳的消费理念,各国政府采取了种种补贴和税收政策。例如,我国发展和改革委员会于2009年推动实施了"节能产品惠民工程",对消费者购买节能环保产品给予一定的财政补贴,极大地促进了低碳电子产品的销售。

在此背景下,电子产品制造企业开展与碳减排相关的行动,会增加一定的成本;而在消费者低碳偏好的影响下,电子产品碳排放的减少能够提高其市场需求,进而增加产品终端(零售商)销售的收入。针对上述情况,如果仅从企业个体的角度进行研究难以分析消费者的低碳偏好对供应链产生的整体影响,同时难以分析消费者偏好对制造企业的影响作用,因此有必要从供应链整体的角度研究制造企业和零售商进行的产品碳减排的相关合作。基于此,本书考虑了消费者低碳偏好对电子产品市场需求产生的影响,建立了不同的契约模型研究电子产品制造企业和零售商如何在追求利润目标的同时降低产品的碳排放,并对供应链上下游企业联合碳减排机制开展分析,以期为提高企业碳减排行为的积极性、减少电子行业生命周期的碳排放提供决策支持。

本书考虑了供应链协调收益以及产品碳减排水平的双重目标,以二级供应链为例,具体包括一个电子产品制造企业和一个零售商两个参与者。具体的决策过程如下:首先,制造企业对产品的碳排放进行控制(产品初始的碳排放水平为e_0),确定产品的碳排放水平e,降低产品碳排放的行为带来碳减排成本$c(e)$,而后制造企业以批发价格w将产品卖给零售商。其次,零售商根据市场需求D从制造企业进货,进货量为q,然后将产品以价格p销售给最终消费者。在整个博弈过程中,制造企业占据主导地位,博弈双方的信息对称且都是完全理性的,均是基于自身利润最大化的原则进行决策。

参考Gurnani等人[147]的研究,本书假设电子产品市场需求D是产品价格p及产品碳减排水平k的线性函数,即

$$D = a - p + \tau k \tag{5.1}$$

其中,τ为消费者的低碳偏好水平,即产品单位碳排放的减少带来产品需求的增加量。现实中不同消费者对碳减排的认同度不同,在参考Liu等人[32]的研究中关于消费者环境意愿相关设定的基础上,假设τ为随机变量且有$E(\tau)=\lambda$,则产品市场需求的期望为$E(D)=a-p+\lambda k$。进一步,本书假设零售商的订货量q与产品市场需求的期望(即市场平均需求)相等,则

$$q = E(D) = a - p + \lambda k$$

在借鉴了朱庆华等人[57]关于绿色研发成本的设定的基础上,本书假定

$$c(e) = \frac{\varepsilon k^2}{2} = \frac{\varepsilon (e_0 - e)^2}{2} \tag{5.2}$$

建立的模型中符号表示如下：

m：电子产品制造企业；

r：产品零售商；

e_0：产品初始的碳排放水平；

e：产品最终的碳排放水平；

k：产品的碳减排水平，其中 $k = e_0 - e$；

τ：消费者的低碳偏好水平；

λ：消费者低碳偏好 τ 的期望；

p：产品的零售价格；

a：产品的市场规模；

w：产品的批发价格；

c：制造企业的产品成本；

q：零售商的进货量，假设与市场需求相同；

$c(e)$：产品的碳减排成本；

ε：产品的碳减排成本系数，其值越大说明碳减排行为增加的成本越多；

α：制造企业的谈判能力，相应的零售商的谈判能力为 $1-\alpha$；

S：制造企业对零售商收取的固定费用；

β：成本分摊契约中，碳减排成本零售商分摊的比例，$\beta \in [0,1]$；

β_1：约束批发价格契约中，碳减排成本零售商分摊的比例，$\beta_1 \in [0,1]$；

β_2：约束批发价格契约中，批发价格 w 表达式中的参数，$\beta_2 \in [0,1]$。

根据上述模型描述及假设可知，制造企业和零售商的目标函数分别为

$$\Pi_m = (w - c)q - c(e) \tag{5.3}$$

$$\Pi_r = (p - w)q \tag{5.4}$$

5.1.2 制造企业与零售商集中决策

在集中决策模型下，电子产品制造企业和下游零售商作为一个整体系统进行决策，以供应链系统的利润总和最大化为决策目标，则该系统的决策目标函数为

$$\Pi_c = E\left[(p - c)(a - p + \tau k) - \frac{\varepsilon k^2}{2}\right] \tag{5.5}$$

(5.5)式分别对 p 和 k 求偏导并令其为 0，可得

$$\frac{\partial \Pi_c}{\partial p} = a - 2p + \lambda k + c = 0 \tag{5.6}$$

$$\frac{\partial \Pi_c}{\partial k} = \lambda(p - c) - \varepsilon k = 0 \tag{5.7}$$

其海塞矩阵为

$$H(p,k) = \begin{pmatrix} \dfrac{\partial^2 \Pi_c}{\partial p^2} & \dfrac{\partial^2 \Pi_c}{\partial k \partial p} \\ \dfrac{\partial^2 \Pi_c}{\partial p \partial k} & \dfrac{\partial^2 \Pi_c}{\partial k^2} \end{pmatrix} = \begin{pmatrix} -2 & \lambda \\ \lambda & -\varepsilon \end{pmatrix} \tag{5.8}$$

由(5.8)式可以看出,当 λ 和 ε 满足条件 $2\varepsilon - \lambda^2 > 0$ 时,海塞矩阵 H 负定,则目标函数 Π_c 存在最大值。

为使下面的讨论有意义(供应链利润、价格和产品碳排放均为非负),在此假设 $2\varepsilon - \lambda^2 > 0$、$a - c > 0$ 且 $4\varepsilon(1 - \beta) - \lambda^2 > 0$。

对式(5.6)和式(5.7)进行联立求解,可得

$$p_c = \frac{\varepsilon(a + c) - c\lambda^2}{2\varepsilon - \lambda^2} \tag{5.9}$$

$$k_c = \frac{\lambda(a - c)}{2\varepsilon - \lambda^2} \tag{5.10}$$

将式(5.9)和式(5.10)代入式(5.5)中,得集中决策模式下供应链的最大利润为

$$\Pi_c = \frac{\varepsilon (a - c)^2}{2(2\varepsilon - \lambda^2)} \tag{5.11}$$

5.1.3 制造企业与零售商分散决策

1. 两步收费契约

在此契约模型中,电子产品制造企业首先将产品以批发价格 w 销售给零售商,并收取一定的固定费用 S,同时确定其产品的碳排放水平 e;然后零售商以价格 p 将产品卖给消费者。则此时电子产品制造企业和零售商的利润函数分别为

$$\Pi_m = E\left[(w - c)(a - p + \tau k) - \frac{\varepsilon k^2}{2}\right] + S \tag{5.12}$$

$$\Pi_r = E[(p - w)(a - p + \tau k)] - S \tag{5.13}$$

在分散决策情况下,制造企业和零售商都根据自身收益最大化原则进行决策。对式(5.13)求 p 的偏导数并令其为 0,可得

$$\frac{\partial \Pi_r}{\partial p} = a - 2p + \lambda k + w = 0 \tag{5.14}$$

则零售商销售产品的价格 p 为

$$p = \frac{a + \lambda k + w}{2} \tag{5.15}$$

将式(5.15)代入到式(5.12)中,则制造企业的利润函数可转化为

$$\pi_m = \frac{1}{2}(w-c)(a + \lambda k - w) - \frac{\varepsilon k^2}{2} + S \tag{5.16}$$

对式(5.16)分别求关于 w 和 k 的偏导数并进行联立求解,可得

$$w^{1*} = \frac{2\varepsilon(a+c) - c\lambda^2}{4\varepsilon - \lambda^2} \tag{5.17}$$

$$k^{1*} = \frac{(a-c)\lambda}{4\varepsilon - \lambda^2} \tag{5.18}$$

将式(5.17)和式(5.18)代入式(5.15)中,可得

$$p^{1*} = \frac{3\varepsilon a + \varepsilon c - c\lambda^2}{4\varepsilon - \lambda^2} \tag{5.19}$$

将式(5.17)~式(5.19)代入到式(5.12)和式(5.13)中,则两步收费契约模型下制造企业、零售商及供应链的利润分别为

$$\Pi_m^{1*} = \frac{(a-c)^2 \varepsilon}{2(4\varepsilon - \lambda^2)} + S \tag{5.20}$$

$$\Pi_r^{1*} = \frac{(a-c)^2 \varepsilon^2}{(4\varepsilon - \lambda^2)^2} - S \tag{5.21}$$

$$\Pi_s^{1*} = \Pi_m^{1*} + \Pi_r^{1*} = \frac{(a-c)^2 \varepsilon (6\varepsilon - \lambda^2)}{2(4\varepsilon - \lambda^2)^2} \tag{5.22}$$

比较式(5.11)和式(5.22)的大小,可得

$$\Pi_c - \Pi_s^{1*} = \frac{4\varepsilon^3 (a-c)^2}{2(2\varepsilon - \lambda^2)(4\varepsilon - \lambda^2)^2} > 0 \tag{5.23}$$

由上式可知当 $2\varepsilon - \lambda^2 > 0$ 时,两步收费契约下供应链利润小于集中决策时供应链的利润,即两步收费契约不能实现供应链的协调。

假设 φ 为两步收费契约和集中决策时供应链收益比,且 $0 < \varphi < 1$,则有

$$\lim_{\varepsilon \to \infty} \varphi = \lim_{\varepsilon \to \infty} \frac{\Pi_s^{1*}}{\Pi_c} = \lim_{\varepsilon \to \infty} \frac{(6\varepsilon - \lambda^2)(2\varepsilon - \lambda^2)}{(4\varepsilon - \lambda^2)^2} = \frac{12}{16} = \frac{3}{4} \tag{5.24}$$

此外,在确定固定费用 S 所进行的谈判中,假设电子产品制造企业的谈判能力为 α,则零售商的谈判能力为 $1-\alpha$,且 $\alpha \in [0,1]$。本书采用Nash均衡博弈模型[153]来确定双方博弈达到均衡时固定费用 S 的大小,则问题可以转化为如下形式:

$$\max_{S} (\Pi_m^{1*})^{\alpha} (\Pi_r^{1*})^{1-\alpha} \tag{5.25}$$

为得到博弈达到 Nash 均衡时固定费用 S 的大小,将式(5.25) 对 S 进行求导,可得

$$\alpha \Pi_r^{1*} \cdot \frac{\partial \Pi_m^{1*}}{\partial S} + (1-\alpha)\pi_m^{1*} \cdot \frac{\partial \Pi_r^{1*}}{\partial S} = 0 \qquad (5.26)$$

对式(5.26) 进行求解,可得

$$S^* = \alpha \cdot \frac{(a-c)^2 \varepsilon^2}{(4\varepsilon - \lambda^2)^2} - (1-\alpha) \cdot \frac{(a-c)^2 \varepsilon}{2(4\varepsilon - \lambda^2)} \qquad (5.27)$$

对两步收费契约来说,需要 $S^* \geqslant 0$,即式(5.27) 大于或等于 0,则可得 $\alpha \in \left[\frac{4\varepsilon - \lambda^2}{6\varepsilon - \lambda^2}, 1\right]$。观察式(5.18)、式(5.19) 和式(5.22),其表达式中没有 α 和 S,说明产品的碳排放水平 e、销售价格 p 和供应链利润 π_s^{1*} 与谈判能力 α 及固定费用 S 无关。

2. 成本分摊契约

在两步收费契约模型的基础上,此契约模型中电子产品制造企业的碳减排成本 $c(e)$ 与零售商进行分摊,其中零售商分摊的比例为 β,制造企业分摊的比例为 $1-\beta$,并且 $\beta \in [0,1]$,则在此情况下制造企业和零售商的利润函数分别为

$$\Pi_m = E[(w-c)(a-p+\tau k) - \frac{(1-\beta)\varepsilon k^2}{2}] + S \qquad (5.28)$$

$$\Pi_r = E[(p-w)(a-p+\tau k) - \frac{\beta \varepsilon k^2}{2}] - S \qquad (5.29)$$

将式(5.29) 对价格 p 求导并令其为 0,可得

$$p = \frac{a + \lambda k + w}{2} \qquad (5.30)$$

将式(5.30) 代入到式(5.28) 中,用式(5.28) 分别求关于 w 和 k 的偏导数,令之为 0 并联立方程组,可得

$$w^{2*} = \frac{2(a+c)\varepsilon(1-\beta) - c\lambda^2}{4\varepsilon(1-\beta) - \lambda^2} \qquad (5.31)$$

$$k^{2*} = \frac{(a-c)\lambda}{4\varepsilon(1-\beta) - \lambda^2} \qquad (5.32)$$

将式(5.31) 和式(5.32) 代入到式(5.30) 中,得到

$$p^{2*} = \frac{(3a+c)\varepsilon(1-\beta) - c\lambda^2}{4\varepsilon(1-\beta) - \lambda^2} \qquad (5.33)$$

将式(5.31) ~ 式(5.33) 代入式(5.28) 和式(5.29) 中,得到

$$\Pi_m^{2*} = \frac{(a-c)^2 \varepsilon(1-\beta)}{2[4\varepsilon(1-\beta) - \lambda^2]} + S \qquad (5.34)$$

$$\Pi_r^{2*} = \frac{(a-c)^2 \varepsilon [2\varepsilon(1-\beta)^2 - \beta\lambda^2]}{2[4\varepsilon(1-\beta) - \lambda^2]^2} - S \quad (5.35)$$

$$\Pi_s^{2*} = \frac{(a-c)^2 \varepsilon [6\varepsilon(1-\beta)^2 - \lambda^2]}{2[4\varepsilon(1-\beta) - \lambda^2]^2} \quad (5.36)$$

比较成本分摊契约和供应链集中决策时供应链利润大小，并令 $B = 1 - \beta$ 且 $B \in [0,1]$，则有

$$\Pi_c - \Pi_s^{2*} = \frac{4\varepsilon^2 (a-c)^2 [(2\varepsilon + 3\lambda^2)B^2 - 4B\lambda^2 + \lambda^2]}{(2\varepsilon - \lambda^2)[4\varepsilon B - \lambda^2]^2} \quad (5.37)$$

令 $M = (2\varepsilon + 3\lambda^2)B^2 - 4B\lambda^2 + \lambda^2$ 并视 M 为 B 的一元二次方程，则 M 的轨迹为开口向上的抛物线，并且其 $\Delta = 16\lambda^4 - 4\lambda^2(2\varepsilon + 3\lambda^2) = 4\lambda^2(\lambda^2 - 2\varepsilon)$。由于 $2\varepsilon - \lambda^2 > 0$，则有 $\Delta < 0$，又因为抛物线 M 开口向上，则其与 x 轴无交点，进一步得到 $M > 0$ 恒成立，从而推出 $\Pi_c > \Pi_s^{2*}$，即成本分摊契约下的供应链利润小于集中决策时供应链的利润。

3. 约束批发价格的成本分摊契约

在成本分摊模型的基础上，此约束批发价格的成本分摊契约（以下简称为"约束批发价格契约"）模型中电子产品制造企业首先固定产品的批发价格为 $w = \beta_2 p + (1-\beta_2)c$，并且碳减排成本 $c(e)$ 制造企业分摊的比例为 $1 - \beta_1$，零售商分摊的比例为 β_1，其中 $\beta_1、\beta_2 \in [0,1]$，则制造企业和零售商的利润函数分别为

$$\Pi_m = E[\beta_2(p-c)(a-p+\tau k) - \frac{(1-\beta_1)\varepsilon k^2}{2}] + S \quad (5.38)$$

$$\Pi_r = E[(1-\beta_2)(p-c)(a-p+\tau k) - \frac{\beta_1 \varepsilon k^2}{2}] - S \quad (5.39)$$

对式(5.39)求关于 p 的偏导数，可以得到

$$p = \frac{a+c+\lambda k}{2} \quad (5.40)$$

将式(5.40)代入到式(5.38)中，并对式(5.38)求 k 的偏导数令其为0，得到

$$k^{3*} = \frac{\beta_2(a-c)\lambda}{2\varepsilon(1-\beta_1) - \beta_2\lambda^2} \quad (5.41)$$

将式(5.41)代入到式(5.40)中，可得

$$p^{3*} = \frac{a+c}{2} + \frac{\beta_2(a-c)\lambda^2}{4\varepsilon(1-\beta_1) - 2\beta_2\lambda^2} \quad (5.42)$$

通过比较式(5.41)、(5.42)和式(5.9)、(5.10)，易知当 $1 - \beta_1 = \beta_2$ 时，$k^{3*} = k_c$ 并且 $p^{3*} = p_c$，此时供应链的利润 $\Pi_s^{3*} = \Pi_c = (p-c)(a-p+\lambda k) - \frac{\varepsilon k^2}{2} =$

$\frac{\varepsilon(a-c)^2}{2(2\varepsilon-\lambda^2)}$,即此契约可以实现供应链的协调。

进一步,为保证此契约能够被电子产品制造企业和零售商接受,约束批发价格契约下制造企业和零售商的利润应分别大于两步收费契约下制造企业和零售商的利润,即需要满足 $\Pi_m^{3*} \geqslant \Pi_m^{1*}$ 且 $\Pi_r^{3*} \geqslant \Pi_r^{1*}$,即

$$\beta_2 \cdot \frac{\varepsilon(a-c)^2}{2(2\varepsilon-\lambda^2)} + S \geqslant \frac{\varepsilon(a-c)^2}{2(4\varepsilon-\lambda^2)} + S \tag{5.43}$$

$$(1-\beta_2) \cdot \frac{\varepsilon(a-c)^2}{2(2\varepsilon-\lambda^2)} - S \geqslant \frac{\varepsilon^2(a-c)^2}{(4\varepsilon-\lambda^2)^2} - S \tag{5.44}$$

根据式(5.43)和式(5.44),得出 $\beta_2 \in \left[\frac{2\varepsilon-\lambda^2}{4\varepsilon-\lambda^2}, 1-\frac{2(2\varepsilon-\lambda^2)\varepsilon}{(4\varepsilon-\lambda^2)^2}\right]$。

5.1.4 不同契约下产品碳排放水平及供应链利润分析

由上文可知,供应链在三种契约模型下产品的碳排放水平 e 和供应链的利润 Π_s 的大小见表5.1。

表 5.1 不同契约下产品碳排放水平 e 和供应链利润 Π_s

Table 5.1 The carbon emission level e of the product and the supply chain profit Π_s under different contracts

变量	两步收费契约	成本分摊契约	约束批发价格契约
碳排放水平 e	$e_0 - \frac{(a-c)\lambda}{4\varepsilon-\lambda^2}$	$e_0 - \frac{(a-c)\lambda}{4\varepsilon(1-\beta)-\lambda^2}$	$e_0 - \frac{(a-c)\lambda}{2\varepsilon-\lambda^2}$
供应链利润 Π_s	$\frac{(a-c)^2\varepsilon(6\varepsilon-\lambda^2)}{2(4\varepsilon-\lambda^2)^2}$	$\frac{(a-c)^2\varepsilon[6\varepsilon(1-\beta)-\lambda^2]}{2[4\varepsilon(1-\beta)-\lambda^2]^2}$	$\frac{\varepsilon(a-c)^2}{2(2\varepsilon-\lambda^2)}$

1. 不同契约下产品的碳排放水平

由表 5.1 可知 $e^{1*} = e_0 - \frac{(a-c)\lambda}{4\varepsilon-\lambda^2}$ 且 $e^{3*} = e_0 - \frac{(a-c)\lambda}{2\varepsilon-\lambda^2}$,其中 $4\varepsilon-\lambda^2 > 2\varepsilon-\lambda^2 > 0$,则 $e^{1*} > e^{3*}$;

当 $0 < \beta < \frac{1}{2}$ 时,有 $4\varepsilon-\lambda^2 > 4\varepsilon(1-\beta)-\lambda^2 > 2\varepsilon-\lambda^2 > 0$,进而可得 $e^{1*} > e^{2*} > e^{3*}$;

当 $\beta = \frac{1}{2}$ 时,有 $4\varepsilon-\lambda^2 > 4\varepsilon(1-\beta)-\lambda^2 = 2\varepsilon-\lambda^2 > 0$,则有 $e^{1*} > e^{2*} = e^{3*}$;

当 $\frac{1}{2} < \beta < 1$ 时,$4\varepsilon-\lambda^2 > 2\varepsilon-\lambda^2 > 4\varepsilon(1-\beta)-\lambda^2 > 0$,可得 $e^{1*} > e^{3*} > e^{2*}$。

则不同契约下产品碳排放水平 e 的比较结果见表 5.2。

表 5.2 三种契约模式下产品碳排放水平 e 的比较结果
Table 5.2 The compare results of the carbon emission level e of the product under three contracts

参数 β	产品碳排放水平的比较	产品碳排放水平最低的契约
$0<\beta<\dfrac{1}{2}$	$e^{1*}>e^{2*}>e^{3*}$	约束批发价格契约
$\beta=\dfrac{1}{2}$	$e^{1*}>e^{2*}=e^{3*}$	约束批发价格契约和成本分摊契约
$\dfrac{1}{2}<\beta<1$	$e^{1*}>e^{3*}>e^{2*}$	成本分摊契约

由上述分析可知,能使供应链利润最大化的约束批发价格契约不一定有最低的产品碳排放水平,只有当 $0<\beta\leqslant\dfrac{1}{2}$ 时,在三种模型中约束批发价格契约的产品碳排放水平才最低;而当 $\dfrac{1}{2}<\beta<1$ 时,不能使供应链利润最大化的成本分摊契约拥有最低的产品碳排放水平。

2. 不同契约下供应链的利润

由 5.1.3 中的分析可知,当 $2\varepsilon-\lambda^2>0$ 时,有 $\Pi_s^{3*}=\Pi_c>\Pi_s^{1*}$ 并且 $\Pi_s^{3*}=\Pi_c>\Pi_s^{2*}$,即约束批发价格契约下的供应链利润大于两步收费契约和成本分摊契约下的供应链利润。进一步分析两步收费契约和成本分摊契约下的供应链利润大小,令 $B=1-\beta$ 且 $B\in[0,1]$,则有

$$\Pi_s^{2*}-\Pi_s^{1*}=\frac{\varepsilon^2\lambda^2(a-c)^2[(3\lambda^2-16\varepsilon)B^2+4(6\varepsilon-\lambda^2)B+\lambda^2-8\varepsilon]}{[4\varepsilon B-\lambda^2]^2(4\varepsilon-\lambda^2)^2}$$

(5.45)

令 $N=(3\lambda^2-16\varepsilon)B^2+4(6\varepsilon-\lambda^2)B+\lambda^2-8\varepsilon$ 并视 N 为 B 的一元二次方程,则 N 的轨迹为开口向下的抛物线,并且其 $\Delta=4(4\varepsilon-\lambda^2)^2>0$,解此关于 B 的一元二次方程,可得 $B_1=\dfrac{\lambda^2-8\varepsilon}{3\lambda^2-16\varepsilon}\in(0,1)$ 并且 $B_2=1$,则在区间 $(0,\dfrac{\lambda^2-8\varepsilon}{3\lambda^2-16\varepsilon}]$ 范围内 $N\leqslant 0$,同时在区间 $(\dfrac{\lambda^2-8\varepsilon}{3\lambda^2-16\varepsilon},1)$ 的范围内 $N>0$。进一步可以得到,当 $0<\beta<\dfrac{2\lambda^2-8\varepsilon}{3\lambda^2-16\varepsilon}$ 时,$\Pi_s^{2*}>\Pi_s^{1*}$;当 $\dfrac{2\lambda^2-8\varepsilon}{3\lambda^2-16\varepsilon}\leqslant\beta<1$ 时,$\Pi_s^{2*}\leqslant\Pi_s^{1*}$。

由上述分析可知,三种契约方式中在约束批发价格契约下供应链的利润最大,高于成本分摊契约和两步收费契约的供应链利润;同时成本分摊契约和两步收费契约的供应链利润大小关系不确定,与 β 的取值有关。

5.1.5 数值算例仿真

在本节中以某型号打印机为例,对消费者低碳偏好期望 λ 和电子产品制造企业碳减排成本系数 ε 在不同契约下对产品碳排放水平 e 和供应链利润 Π_s 产生的影响进行仿真分析。

1. 参数 ε 对产品碳排放水平 e 的影响

本节以佳能 LBP7100Cw 型打印机为例,通过数值仿真分析碳减排成本系数 ε 对该产品碳排放水平 e 的影响。该型号打印机目前的碳足迹为 390 kg−CO_2e[154],其市场售价约为 2 200 元。进一步地,对上述模型中该产品的其他参数进行假设,其中产品市场容量 $a=3\,000$,产品成本 $c=1\,300$,消费者低碳偏好期望 $\lambda=2$,成本分摊比例 $\beta=0.4$,则仿真结果如图 5.1 所示。由图 5.1 可以看出,在三种协调方式下产品的碳排放水平与初始水平相比(390 kg−CO_2e)都有所降低,其中约束批发价格契约的产品碳排放水平最低,成本分摊契约的产品碳排放水平处于中游,两步收费契约的产品碳排放水平最高;并且随着碳减排成本系数 ε 的增大,三种契约下的产品碳排放水平均呈上升趋势。

2. 参数 ε 对供应链利润 Π_s 的影响

本节中使用数值仿真分析碳减排成本系数 ε 对供应链利润 Π_s 产生的影响。假设 $a=3\,000, c=1\,300, \lambda=2, \beta=0.4$,则具体的仿真结果如图 5.2 所示。由图 5.2 可以看出,在给定条件下,三种契约模型中约束批发价格契约的供应链利润最高,成本分摊契约的供应链利润次之,两步收费契约的供应链利润最低;并且随着碳减排成本系数的增大,三种协调方式的供应链利润均呈下降趋势。

3. 参数 λ 和参数 ε 对供应链的综合影响

本节主要讨论参数 λ 和参数 ε 对供应链的综合影响。其中 $e_0=390$ kg−CO_2e,假设 $a=3\,000, c=1\,300, \lambda=2, \beta=0.4$,则参数 λ 和参数 ε 对产品碳排放水平 e 的综合影响如图 5.3 所示,参数 λ 和参数 ε 对供应链利润 Π_s 的综合影响如图 5.4 所示。

由图 5.3 可知,在给定条件下两步收费契约下产品碳排放水平最高,约束批发价格契约下产品的碳排放水平最低,成本分摊契约下产品碳排放水平处于中间位置,并且消费者低碳偏好期望 λ 对产品碳排放水平的影响程度大于碳减排成本系数 ε 对产品碳排放水平的影响程度。

从图 5.4 可以看出,在给定条件下约束批发价格契约下供应链的利润最高,成本分摊契约下供应链的利润次之,两步收费契约下的供应链利润最低,并且消费者低碳偏好期望 λ 对供应链利润的影响程度同样大于碳减排成本系数 ε 对供

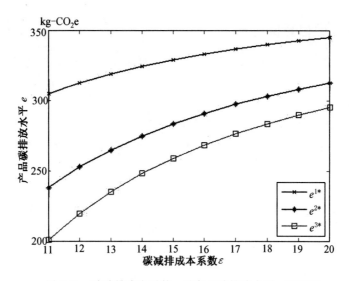

图 5.1 碳减排成本系数 ε 对产品碳排放水平 e 的影响

Figure 5.1 The effect of carbon reduction cost coefficient ε on the carbon emission level e of the product

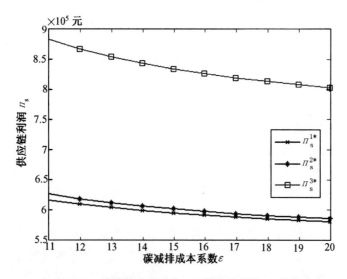

图 5.2 碳减排成本系数 ε 对供应链利润 Π_s 的影响

Figure 5.2 The effect of the carbon reduction cost coefficient ε on the supply chain profit Π_s

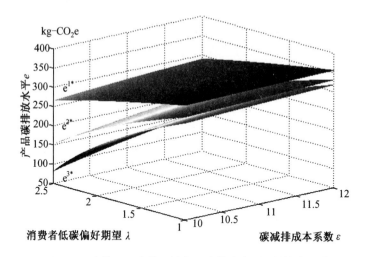

图 5.3　参数 λ 和参数 ε 对产品碳排放水平 e 的综合影响

Figure 5.3　The comprehensive effect of λ and ε on the carbon emission level of the product

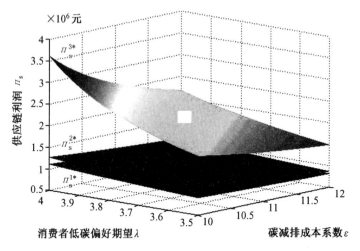

图 5.4　参数 λ 和参数 ε 对供应链利润 Π_s 的综合影响

Figure 5.4　The comprehensive effect of λ and ε on the supply chain profit Π_s

应链利润的影响程度。

5.1.6 模型结论

本书运用博弈论的相关方法研究了供应链中电子产品制造企业和零售商的联合碳减排机制,建立了三种不同的契约模型,并对其最终的作用和效果进行了分析,可以得出以下结论:

(1)约束批发价格契约可以对供应链利润进行有效地协调,即在约束批发价格契约下供应链利润可以达到集中决策时供应链的利润,而两步收费契约和成本分摊契约都无法有效协调供应链利润。

(2)三种契约中约束批发价格契约下的供应链利润最大,成本分摊契约与两步收费契约下供应链利润的大小关系与参数 β 有关,具体如下:

① 当 $0<\beta<\dfrac{2\lambda^2-8\varepsilon}{3\lambda^2-16\varepsilon}$ 时,$\Pi_s^{2*}>\Pi_s^{1*}$,即与两步收费契约相比,此时成本分摊契约可以达到对供应链利润的帕累托最优;

② 当 $\dfrac{2\lambda^2-8\varepsilon}{3\lambda^2-16\varepsilon}<\beta<1$ 时,$\Pi_s^{2*}\leqslant\Pi_s^{1*}$,即成本分摊契约下的供应链利润不大于两步收费契约下的供应链利润,此时成本分摊契约下的产品碳排放水平较低,但与两步收费契约相比难以对供应链利润进行帕累托最优。

(3)在三种契约方式中,产品的最终碳排放水平大小的排列顺序与成本分摊契约中参数 β 有关,具体如下:

① 当 $0<\beta\leqslant\dfrac{1}{2}$ 时,有 $e^{1*}>e^{2*}\geqslant e^{3*}$,即约束批发价格契约既能达到供应链利润的最大化,同时能使产品拥有最低的碳排放水平,是较为理想的协调策略;

② 当 $\dfrac{1}{2}<\beta<1$ 时,有 $e^{1*}>e^{3*}>e^{2*}$,此时成本分摊契约下产品的碳排放水平最低。

(4)本节中建立了三种不同的供应链契约,研究了电子产品制造企业与下游零售商的碳减排合作机制。分析结果表明,约束批发价格契约能够实现供应链成员利润的最大化,并且在满足一定条件时该契约下产品的碳排放水平最低,即产品生命周期内产生的碳排放最小。

5.2 多供应链竞争下电子产品制造企业与零售商碳减排合作模型

5.2.1 问题描述及参数假设

本章的 5.1 节建立了电子产品制造企业和零售商的联合碳减排协调契约博弈模型,得出了一些有益的结论。根据 5.1 节中的研究结果,可知制造企业和零售商的碳减排合作方式受消费者低碳偏好、碳减排成本系数等因素的影响,并且建立的契约模型中在一定条件下可以达到供应链利润和产品碳排放水平的双重优化目标。在 5.1 节中的模型研究的是一个二级供应链,具体包括一个电子产品制造企业和一个零售商。而在现实情况中,多供应链产品的市场竞争更为普遍,为企业间的碳减排合作增添了不确定性。因此,研究多供应链竞争下电子产品制造企业与零售商的碳减排合作模型是有必要的。

本节在考虑供应链成员收益及碳减排双重目标的基础上,考虑了一个含有 n 个供应链的竞争模型如图 5.5 所示,其中每个供应链中包括一个电子产品制造企业和一个零售商两个参与者。供应链成员中具体的决策变量有:电子产品制造企业方面,第 i 条供应链中的制造企业确定其碳减排水平 k_i,并将其产品以批发价格 w_i 卖给零售商;零售商方面,第 i 条供应链中的零售商以价格 p_i 将产品销往消费市场。在整个博弈过程中,博弈双方的信息对称且都是完全理性的,基

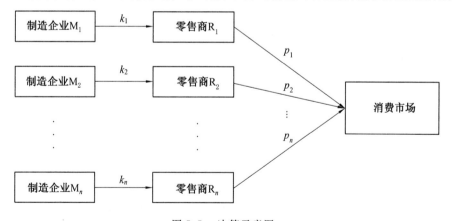

图 5.5 决策示意图

Figture 5.5 The decision schematic diagram

于自身利润最大化的原则进行决策。

上述模型中所有供应链产品均面对同一市场,并且市场中的消费者会综合考虑所有零售商给出的产品价格和产品的碳排放水平进行产品购买。参考 Liu 等人[32]的研究,本书假设产品的碳减排水平 k_i 会影响消费者的消费需求,即产品的碳减排水平 k_i 和第 i 条供应链的产品市场需求 D_i 为正向相关关系,当 k_i 值越大,则第 i 条供应链的产品需求越大。在参考 Banker 等人[155]研究的基础上,本书假设上述模型中供应链为 n 条对称的供应链,并且第 i 条供应链产品的市场需求函数为

$$D_i(k,p) = \frac{a}{n} - \frac{\alpha}{n}p_i + \frac{\beta}{n(n-1)}\sum_{j \neq i}p_j + \frac{\lambda}{n}k_i - \frac{\mu}{n(n-1)}\sum_{j \neq i}k_j \quad (i,j=1,2,\cdots,n)$$
(5.46)

参考 Moorthy[156] 的研究,本书假设供应链 i 产品的生产成本为

$$c_i = (c_0 + \varepsilon k_i)q_i + f + \frac{\varphi k_i^2}{2}$$
(5.47)

为便于分析本书假设各供应链最终产品的初始碳排放水平均为 e_0,即 $\tilde{e}_i = e_0$ $(i=1,2,\cdots,n)$,并且各供应链产品的批发价格均为 w,即

$$w_i = w \quad (i=1,2,\cdots,n)$$

模型符号:

M_i:供应链 i 的电子产品制造企业;

R_i:供应链 i 的零售商;

$\tilde{e}_i$:供应链 i 产品的初始碳排放水平;

e_i:供应链 i 产品的最终碳排放水平;

k_i:供应链 i 产品的碳减排水平;

p_i:供应链 i 产品的市场销售价格;

w_i:供应链 i 产品的批发价格;

q_i:供应链 i 销售商的进货量,与 D_i 相等;

a:产品的市场规模;

α:供应链 i 产品的市场需求对于自身价格的敏感系数;

β:供应链 i 产品的市场需求对于其他供应链产品价格的敏感系数;

λ:供应链 i 产品的市场需求对碳减排水平 k_i 的敏感系数;

μ:供应链 i 产品的市场需求对其他供应链产品碳减排水平 $k_j(j \neq i)$ 的敏感系数;

c_i:供应链 i 的产品生产成本;

c_0:各供应链产品的固定生产成本；
ε:供应链 i 产品的生产成本对碳减排水平 k_i 的敏感系数；
φ:供应链 i 产品的可变生产成本对碳减排水平 k_i 的敏感系数；
f:各供应链的电子产品制造企业进行碳减排的固定投资成本。

5.2.2 供应链分散决策

本小节中,首先分析了各个供应链均不协调情形下(即成员进行独立决策)供应链的竞争均衡解,并就电子产品制造企业占据博弈主导地位的情况进行了讨论。

当电子产品制造企业占据供应链博弈主导地位时,供应链之间的竞争按照如下顺序进行:首先,各供应链的制造企业确定其产品的碳减排量,并按照批发价格将产品卖给零售商;其次,零售商确定产品的最终销售价格;最后,当各供应链产品的碳减排水平和销售价格确定后,消费者根据自身需求购买产品。则此时各供应链中电子产品制造企业和零售商的利润函数分别为

$$\Pi_{M_i} = (w - c_0 - \varepsilon k_i) D_i(p, k) - f - \frac{1}{2}\varphi k_i^2 \quad (i, j = 1, 2, \cdots, n) \quad (5.48)$$

$$\Pi_{R_i} = (p_i - w) D_i(p, k) \quad (i, j = 1, 2, \cdots, n) \quad (5.49)$$

根据逆向推导法,首先在供应链中零售商确定产品的市场售价,对(5.49)式求关于价格 p_i 的导数,可得

$$\frac{\partial \Pi_{R_i}}{\partial p_i} = \frac{1}{n}(a + \alpha w - 2\alpha p_i + \frac{\beta}{n-1}\sum_{j \neq i} p_j + \lambda k_i - \frac{\mu}{n-1}\sum_{j \neq i} k_j) \quad (i, j = 1, 2, \cdots, n) \quad (5.50)$$

而 $\frac{\partial \Pi_{R_i}^2(p,k)}{\partial p_i^2} = -\frac{2\alpha}{n} < 0$,则零售商的利润函数关于价格为严格的凹函数,令式(5.50)为0可得

$$p_i^* = \frac{1}{2\alpha}(a + \alpha w + \frac{\beta}{n-1}\sum_{j \neq i} p_j + \lambda k_i - \frac{\mu}{n-1}\sum_{j \neq i} k_j) \quad (i, j = 1, 2, \cdots, n) \quad (5.51)$$

进一步对式(5.51)式进行求解,则销售商的销售价格为

$$p_i^*(k) = \frac{1}{V_n}[G_n + U_n k_i - \sum_{j \neq i} S_n k_j] \quad (i, j = 1, 2, \cdots, n) \quad (5.52)$$

其中,$V_n = [2(n-1)\alpha + \beta](2\alpha - \beta)$,$G_n = (a + \alpha w)[2(n-1)\alpha + \beta]$,$S_n = 2\alpha\mu - \beta\lambda$ 且有 $U_n = [2(n-1)\alpha - (n-2)\beta]\lambda - \mu\beta$。

将式(5.52)代入到式(5.46)中,进一步得到第 i 条供应链产品的市场需求

为

$$D_i^*(k) = \frac{\alpha}{n}[p_i^*(k) - w] = \frac{\alpha}{nV_n}[G_n - wV_n + U_n k_i - \sum_{j \neq i} S_n k_j] \quad (i,j = 1,2,\cdots,n) \tag{5.53}$$

为满足供应链产品市场需求 $D_i^*(k)$ 在 $k_i = k_j = 0$ 的情况下为正数，则必须有条件 $G_n - wV_n > 0$，即

$$G_n - wV_n > 0 \Leftrightarrow w < \frac{a}{\alpha - \beta} \tag{5.54}$$

根据模型假设可知，U_n 和 S_n 需满足条件 $U_n > \sum_{j \neq i} S_n > 0$，即

$$S_n > 0 \Leftrightarrow \frac{\lambda}{\mu} < \frac{2\alpha}{\beta} \tag{5.55}$$

$$U_n - \sum_{j \neq i} S_n > 0 \Leftrightarrow \frac{\lambda}{\mu} > \frac{(n-1)\alpha + \beta}{2(n-1)\alpha + \beta} \tag{5.56}$$

将式(5.53)代入到式(5.48)中，则供应商的利润函数为

$$\Pi_{M_i}(k) = \frac{\alpha}{nV_n}(w - c_0 - \varepsilon k_i)[G_n - wV_n + U_n k_i - \sum_{j \neq i} S_n k_j] - f - \frac{1}{2}\varphi k_i^2$$
$$(i,j = 1,2,\cdots,n) \tag{5.57}$$

将式(5.57)对制造企业产品碳减排量 k_i 进行求导并令之为0，可得

$$\frac{\partial \Pi_{M_i}}{\partial k_i} = \frac{\alpha}{nV_n}[Y_1 - Y_2 k_i + Y_3 \sum_{j \neq i} k_j] = 0 \quad (i,j = 1,2,\cdots,n) \tag{5.58}$$

其中，$Y_1 = (w - c_0)U_n - \varepsilon(G_n - wV_n)$，$Y_2 = 2\varepsilon U_n + \frac{nV_n\varphi}{\alpha}$，$Y_3 = \varepsilon S_n$。通过进一步计算可得 $\frac{\partial \Pi_{M_i}^2(k)}{\partial k_i^2} = -2\varepsilon U_n - \frac{nV_n\varphi}{\alpha} < 0$，则求解式(5.58)可得各供应链制造企业的碳减排量的均衡解为

$$k_i^* = [Y_1 + \frac{nY_1 Y_3}{Y_2 - (n-1)Y_3}]/(Y_2 + Y_3) \quad (i = 1,2,\cdots,n) \tag{5.59}$$

将上述产品碳减排量均衡解代入到以上各函数中，即可得到市场需求 D_i^*、各供应链产品市场价格 p_i^*、各供应链电子产品制造企业的期望利润 $\Pi_{M_i}^*$、零售商的期望利润 $\Pi_{R_i}^*$，以及各供应链的总体利润 $\Pi_{SC_i}^* = \Pi_{M_i}^* + \Pi_{R_i}^*$，其中 $i = 1,2,\cdots,n$。

5.2.3 供应链集中决策

供应链协调指通过形成某种联合决策机制或激励机制后最大化供应链的利润或者降低风险的状态。在本书分析的多供应链竞争碳减排模型中,电子产品制造企业和零售商可通过联合决策产品的碳减排量和销售价格进而使供应链整体利润达到最大化。本节中暂不考虑供应链协调状态下成员的利益分配问题。

在集中决策模型下,将各供应链电子产品制造企业和零售商作为一个整体系统进行决策,以供应链系统的利润总和最大化为决策目标,则该系统的决策目标函数为

$$\Pi_{SC_i} = (p_i - c_0 - \varepsilon k_i)D_i(k,p) - f - \frac{1}{2}\varphi k_i^2 \quad (i,j=1,2,\cdots,n) \quad (5.60)$$

对式(5.60)求关于价格 p_i 的导数,可得

$$\frac{\partial \Pi_{SC_i}}{\partial p_i} = \frac{1}{n}(a + \alpha c_0 + \alpha\varepsilon k_i - 2\alpha p_i + \frac{\beta}{n-1}\sum_{j\neq i}p_j + \lambda k_i - \frac{\mu}{n-1}\sum_{j\neq i}k_j)$$
$$(i,j=1,2,\cdots,n) \quad (5.61)$$

而 $\frac{\partial \Pi_{SC_i}^2(p,k)}{\partial p_i^2} = -\frac{2\alpha}{n} < 0$,则第 i 条供应链的利润函数关于价格为严格的凹函数,令式(5.61)为 0 可得

$$p_i^* = \frac{1}{2\alpha}(a + \alpha c_0 + \frac{\beta}{n-1}\sum_{j\neq i}p_j + (\lambda + \alpha\varepsilon)k_i - \frac{\mu}{n-1}\sum_{j\neq i}k_j) \quad (i,j=1,2,\cdots,n)$$
$$(5.62)$$

进一步对式(5.62)进行求解,则第 i 条供应链零售商的产品销售价格为

$$p_i^*(k) = \frac{1}{\overline{V_n}}[\overline{G_n} + \overline{U_n}k_i - \sum_{j\neq i}\overline{S_n}k_j] \quad (i,j=1,2,\cdots,n) \quad (5.63)$$

其中,$\overline{V_n} = [2(n-1)\alpha + \beta](2\alpha - \beta)$,$\overline{G_n} = (a + \alpha c_0)[2(n-1)\alpha + \beta]$,$\overline{S_n} = 2\alpha\mu - \beta(\lambda + \alpha\varepsilon)$ 且 $\overline{U_n} = [2(n-1)\alpha - (n-2)\beta](\lambda + \alpha\varepsilon) - \mu\beta$。

将式(5.63)代入到式(5.46)中,则可得第 i 条供应链产品的市场需求为

$$D_i^*(k) = \frac{\alpha}{n}[p_i^*(k) - c_0 - \varepsilon k_i] = \frac{\alpha}{n\overline{V_n}}[\overline{G_n} - c_0\overline{V_n} + (\overline{U_n} - \varepsilon\overline{V_n})k_i - \sum_{j\neq i}\overline{S_n}k_j]$$
$$(i,j=1,2,\cdots,n) \quad (5.64)$$

为满足供应链产品市场需求 $D_i^*(k)$ 在 $k_i = k_j = 0$ 的情况下为正数,则必须满足条件 $\overline{G_n} - c_0\overline{V_n} > 0$。

根据模型假设可知,$\overline{U_n}$ 和 $\overline{S_n}$ 需满足条件 $\overline{U_n} - \varepsilon\overline{V_n} > \sum_{j\neq i}\overline{S_n} > 0$,即

$$\overline{S_n} > 0 \Leftrightarrow \varepsilon < \frac{2\alpha\mu - \beta\lambda}{\alpha\beta} \tag{5.65}$$

$$\overline{U_n} - \varepsilon\overline{V_n} > \sum_{j\neq i}\overline{S_n} \Leftrightarrow \varepsilon < \frac{\lambda - \mu}{\alpha - \beta} \tag{5.66}$$

将式(5.63)和式(5.64)代入到式(5.60)中,可得集中决策下第 i 条供应链的利润为

$$\Pi_{SC_i}(k) = \frac{\alpha}{n(\overline{V_n})^2}[\overline{G_n} - c_0\overline{V_n} + (\overline{U_n} - \varepsilon\overline{V_n})k_i - \sum_{j\neq i}\overline{S_n}k_j]^2 - f - \frac{1}{2}\varphi k_i^2$$

$$(i,j=1,2,\cdots,n) \tag{5.67}$$

将式(5.67)对第 i 条供应链制造企业的减排量 k_i 进行求导,可得

$$\frac{\partial \Pi_{SC_i}(k)}{\partial k_i} = \frac{2\alpha(\overline{U_n} - \varepsilon\overline{V_n})}{n(\overline{V_n})^2}\{\overline{G_n} - c_0\overline{V_n} - [\frac{n\varphi(\overline{V_n})^2}{2\alpha(\overline{U_n} - \varepsilon\overline{V_n})} - (\overline{U_n} - \varepsilon\overline{V_n})]k_i - \sum_{j\neq i}\overline{S_n}k_j\}$$

$$(i,j=1,2,\cdots,n) \tag{5.68}$$

进一步地,令式(5.68)为 0,可得

$$\frac{\partial \Pi_{SC_i}(k)}{\partial k_i} = \frac{2\alpha(\overline{U_n} - \varepsilon\overline{V_n})}{n(\overline{V_n})^2}[Z_1 - Z_2 k_i + Z_3\sum_{j\neq i}k_j] = 0 \quad (i,j=1,2,\cdots,n) \tag{5.69}$$

其中,$Z_1 = \overline{G_n} - c_0\overline{V_n}$,$Z_2 = \frac{n\varphi(\overline{V_n})^2}{2\alpha(\overline{U_n} - \varepsilon\overline{V_n})} - (\overline{U_n} - \varepsilon\overline{V_n})$ 且 $Z_3 = -\overline{S_n}$。为保证该供应链利润函数为严格的凹函数,需满足如下条件:

$$\frac{\partial \Pi_{SC_i}^2(p,k)}{\partial k_i^2} = (\overline{U_n} - \varepsilon\overline{V_n}) - \frac{n\varphi(\overline{V_n})^2}{2\alpha(\overline{U_n} - \varepsilon\overline{V_n})} < 0 \tag{5.70}$$

进一步求解式(5.69)可得第 i 条供应链电子产品制造企业的产品碳减排量的均衡解为

$$k_i^{**} = [Z_1 + \frac{nZ_1Z_3}{Z_2 - (n-1)Z_3}]/(Z_2 + Z_3) \quad (i=1,2,\cdots,n) \tag{5.71}$$

将上述碳减排量均衡解代入到以上函数中,可得到市场需求 D_i^{**}、各供应链产品市场价格 p_i^{**},以及各供应链的总体利润 $\Pi_{SC_i}^{**}$,其中 $i=1,2,\cdots,n$。

5.2.4 数值仿真分析

上文中研究了多供应链竞争条件下电子产品制造企业和零售商关于产品碳排放水平和价格的决策问题,并分析了制造企业与零售商联合决策时对供应链利润和产品碳排放的影响。进一步地,本小节中通过数值仿真,分析了制造企业

和零售商分散决策与联合决策时产品碳减排水平以及供应链利润的大小情况。

1. 参数 ε 和参数 φ 对分散决策和集中决策下产品碳减排水平 k_i 的影响

为研究参数 ε 对产品最终碳减排水平产生的影响,在参考 Banker 等人[155]研究中关于参数设定的基础上,本节中假设产品市场容量 $a=500, n=2$,各供应链产品的固定生产成本 $c_0=15$,供应链 i 产品的批发价格 $w_i=30$,供应链 i 产品的市场需求对于价格的敏感系数 $\alpha=10$,供应链 i 产品的市场需求对于其他供应链产品价格的敏感系数 $\beta=4$,供应链 i 产品的市场需求对碳减排水平 k_i 的敏感系数 $\lambda=4$,供应链 i 产品的市场需求对其他供应链产品碳减排水平 $k_j(j \neq i)$ 的敏感系数 $\mu=3$,碳减排的固定投资成本 $f=500$,供应链 i 产品的可变生产成本对碳减排水平 k_i 的敏感系数 $\varphi=0.8$,则仿真结果如图 5.6 所示。由图 5.6 可以看出,上述条件下电子产品制造企业和零售商在集中决策时各供应链产品的碳减排水平 k^{**} 大于在分散决策时各供应链的碳减排水平 k^*,说明多供应链竞争下制造企业与零售商的合作会提升产品的碳减排水平;随着参数 ε 的增大,分散决策和联合决策下的产品碳减排水平都呈下降趋势,其中集中决策时的产品碳减排水平下降得更快。

假设 $a=500, n=2, c_0=15, w_i=30, \alpha=10, \beta=4, \lambda=4, \mu=3, f=500, \varepsilon=0.03$,则参数 φ 对不同决策下产品碳减排水平影响的仿真结果如图 5.7 所示。由图 5.7 可以看出,上述条件下电子产品制造企业和零售商在集中决策时各供应链产品的碳减排水平 k^{**} 大于在分散决策时各供应链产品的碳减排水平 k^*;并且随着参数 φ 的增大,分散决策和联合决策下的产品碳减排水平都有所降低,其中同样集中决策时的产品碳减排水平下降得更快。

2. 参数 ε 和参数 φ 对分散决策和集中决策下供应链利润 Π_{SC_i} 的影响

本小节中,假设 $a=500, n=2, c_0=15, w_i=30, \alpha=10, \beta=4, \lambda=4, \mu=3, f=500, \varphi=0.8$,通过仿真进一步分析参数 ε 对分散决策和集中决策下各供应链均衡利润产生的影响,如图 5.8 所示。由图 5.8 可知,在上述条件下电子产品制造企业和零售商在集中决策时各供应链的均衡利润 $\Pi_{SC_i}^{**}$ 大于在分散决策时各供应链的均衡利润 $\Pi_{SC_i}^{*}$,说明多供应链竞争下制造企业与零售商的联合决策同样可解决双重边际化的问题,从而提升各供应链的利润;随着参数 ε 增大,分散决策和联合决策下的各供应链均衡利润都有所降低,并且在集中决策时供应链的均衡利润下降的幅度更大,说明参数 ε 对集中决策时的供应链利润影响程度更高。

同样假设 $a=500, n=2, c_0=15, w_i=30, \alpha=10, \beta=4, \lambda=4, \mu=3, f=500, \varepsilon=0.09$,通过仿真分析参数 φ 对分散决策和集中决策下各供应链均衡利润产生

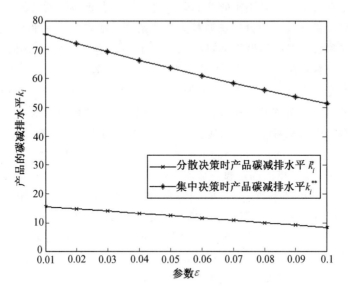

图 5.6　参数 ε 对产品碳减排水平 k_i 的影响

Figure 5.6　The effect of parameter ε on the carbon emission reduction level k_i of the product

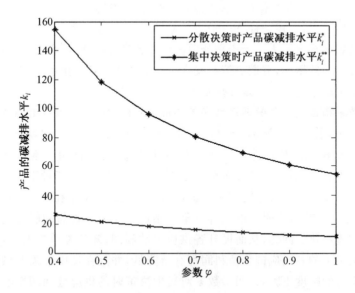

图 5.7　参数 φ 对产品碳减排水平 k_i 的影响

Figure 5.7　The effect of parameter φ on the carbon emission reduction level k_i of the product

的影响,如图5.9所示。由图5.9可以看出,上述条件下制造企业和零售商在集中决策时各供应链的均衡利润 $\Pi_{SC_i}^{**}$ 大于在分散决策时各供应链的均衡利润 $\Pi_{SC_i}^{*}$;并且随着参数 φ 的增大,分散决策和联合决策下的供应链利润都有所下降,其中同样集中决策时供应链利润下降得更快。

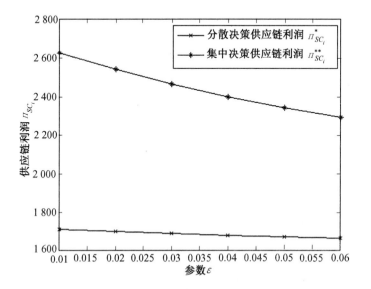

图 5.8　参数 ε 对供应链利润 Π_{SC_i} 的影响

Figure 5.8　The effect of parameter ε on the supply chain profit Π_{SC_i}

3. 结果分析

通过以上对数值仿真结果的分析,我们可以得出以下结论:

(1)在多供应链竞争条件下,电子产品制造企业与零售商的相关合作(即供应链成员采取集中式决策)与分散决策相比能够有效提升各供应链产品的碳减排水平,而碳减排成本的相关系数对最终的产品碳减排水平产生一定影响。

(2)在多供应链竞争条件下,电子产品制造企业与零售商的联合决策(即供应链成员采取集中式决策)同样可以提升各供应链的利润水平,同样碳减排成本的相关系数对最终的供应链利润水平起到了一定的影响作用。

5.2.5　模型结论

为研究在多供应链竞争下电子产品制造企业与零售商的碳减排合作情况,本节中建立了在多供应链竞争下电子产品制造企业和零售商的合作碳减排模型。根据数值仿真结果,进一步对碳减排成本系数等因素对制造企业与零售商

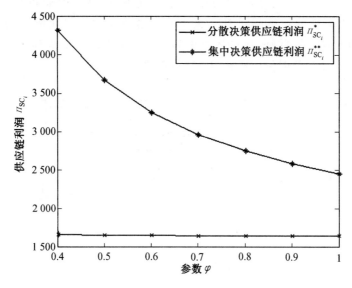

图 5.9　参数 φ 对供应链利润 Π_{SC_i} 的影响

Figure 5.9　The effect of parameter φ on the supply chain profit Π_{SC_i}

合作的影响作用开展了相应分析。研究结果表明,电子产品制造企业和零售商的相关合作在多供应链竞争条件下可以提升各供应链的利润及产品的碳减排水平,而减排成本系数因素会对上述的均衡结果产生一定影响。

5.3　本章小结

本章的主要目的是研究电子产品制造企业如何通过与下游零售商的碳减排合作减少最终产品全生命周期的碳排放,重点分析了制造企业与零售商的碳减排合作方式及多供应链竞争对碳减排合作带来的影响作用。主要结论如下:

(1) 运用博弈论的相关方法研究了供应链中电子产品制造企业和零售商的联合碳减排机制,建立了三种不同的契约模型,并分析了其最终的作用和效果。在供应链利润方面,约束批发价格契约可以对供应链进行有效协调,而两步收费契约和成本分摊契约都无法有效协调供应链利润,同时在成本分摊契约与两步收费契约下供应链利润的大小关系不定,与减排成本分摊系数大小有关;在产品碳排放方面,两步收费契约下产品的碳排放水平最大,而在约束批发价格和成本分摊契约下的产品碳排放水平大小关系不定,同样与碳减排成本分摊系数有关。

（2）在多供应链竞争的条件下，电子产品制造企业和零售商的相关合作能够有效提升各供应链产品的碳减排水平及各供应链的利润水平，同时碳减排成本的相关系数会对供应链利润及产品减排水平的均衡结果产生一定影响。

第 6 章 结论与展望

6.1 研究结论与建议

6.1.1 研究结论

本书在以往研究的基础上,使用了定性和定量相结合的研究方法,通过采用博弈论、演化博弈理论、模糊 AHP 和系统动力学等理论及方法,以中国电子行业为背景,进行了供应链低碳化实现途径的相关研究。

实现电子行业供应链低碳化总的来说分为两个步骤:首先是"外部主体驱动",即政府对供应链中核心电子产品制造企业提出节能减排方面的要求,驱动制造企业采取碳减排行动;其次是"上下游影响",即供应链核心制造企业采取碳减排行动并进一步影响供应链上下游企业,通过联合碳减排合作等方式降低供应链全生命周期的碳排放。本书在以往国内外文献研究的基础上,梳理出电子行业供应链低碳化过程中存在的关键问题,运用演化博弈理论建立了政府与电子产品制造企业的博弈模型并结合系统动力学对博弈策略进行了系统仿真,采用模糊 AHP 和模糊 GP 相结合的方法构建了电子产品制造企业的低碳供应商评价选择模型,利用博弈论和供应链协调理论分别建立了电子产品制造企业和上游供应商以及下游零售商的联合碳减排契约博弈模型,并进一步使用博弈论构建了多供应链竞争下电子产品制造企业与零售商的碳减排合作模型。主要研究结论如下:

1. 政府对电子产品制造企业的驱动

本书针对供应链低碳化过程中电子产品制造企业是否采取碳减排措施的问题,构建了地方政府群体和制造企业群体间的演化博弈模型,得出以下结论:

(1) 不同条件下该系统的演化博弈过程存在三个演化稳定策略。

① 当政府检查的成本高于对不采取碳减排措施的企业的罚金时,有限理性政府会选择"不检查"策略,并且政府的选择策略不依赖于制造企业的选择策略。

② 当制造企业采取碳减排措施的成本高于企业采取措施后带来的综合收

益、政府补贴、清洁发展机制或国内碳交易项目收益以及政府对没有采取碳减排技术企业的罚金四者之和时,有限理性企业会选择"不采取"策略,并且企业的选择策略不依赖于政府的选择策略。

③ 当制造企业采取碳减排措施的成本低于采取措施后带来的综合收益以及清洁发展机制或国内碳交易项目收益之和时,最终有限理性企业会选择"采取"策略,且企业的选择策略不依赖于政府的选择策略。

(2) 当政府和制造企业的策略为混合策略时,系统存在一个中心点和四个鞍点,并且不存在演化稳定策略,通过仿真可知系统演化过程为周期运动的闭轨线环。这表明政府和制造企业两群体的博弈过程表现出一种周期行为模式,从另一方面说明了政府监督电子产品制造企业采取碳减排措施是一项具有长期性、艰巨性和反复性的工作。

(3) 当政府实施动态惩罚或者动态补贴的政策时,该系统都存在一个稳定焦点和四个鞍点。演化的轨线螺旋地内趋向于稳定焦点,这表明政府群体选择检查的概率随着时间的增加逐渐收敛,最终稳定在焦点,即混合策略中的 Nash 均衡点;从另一个侧面反映了政府对制造企业进行动态惩罚或动态补贴时制造企业和政府群体的博弈可达到均衡,进一步为政府监督电子产品制造企业碳减排工作提供可靠预测,有利于电子行业供应链低碳化的实施。

2. 电子产品制造企业与供应商的碳减排合作

本书建立了电子产品制造企业与供应商碳减排合作过程中两个重要的模型:低碳供应商评价选择模型和制造企业与供应商的联合碳减排博弈模型。

首先,电子产品制造企业在原材料及电子器件的采购过程中面临众多的供应商,为减少其供应链间接的碳排放,制造企业需要对供应商进行评价及选择。本书采用模糊 AHP,将产品的碳排放纳入供应商的选择标准之中,与产品成本、质量和供应商服务水平因素综合考虑评价了供应商选择标准的相对重要程度,并进一步使用模糊 GP 解决多供应商订单分配问题。最后通过对算例的研究表明该低碳供应商的评价及选择模型具备一定的适用性。

其次,本书建立了不同的契约模型对电子产品制造企业和上游供应商的联合碳减排机制开展分析。研究结果表明,建立的三种契约中只有收益共享契约能对供应链利润有效协调,即收益共享契约下的供应链利润等于供应链集中决策时的利润;同时批发价格契约和成本分担契约均不能对供应链利润进行协调,并且批发价格契约和成本分担契约下供应链利润大小关系不定。三种契约中批发价格契约下的产品碳减排水平最低,收益共享契约和成本分担契约下的产品碳减排水平大小关系不定,具体与相关参数的取值范围有关。

3. 电子产品制造企业与零售商的碳减排合作

本书采用博弈理论建立了电子产品制造企业和下游零售商的碳减排合作博弈模型,并构建了三种契约对产品碳减排效果和供应链利润开展研究。分析结果表明,约束批发价格契约可以对供应链进行有效地协调,即在约束批发价格契约下供应链利润可以达到集中决策时供应链的利润,而两步收费契约和成本分摊契约都无法有效协调供应链利润。三种契约方式中,两步收费契约下产品的碳排放水平最高,而约束批发价格契约和成本分摊契约下产品碳排放水平大小关系不定。

进一步地,本书构建了多供应链的电子产品制造企业和零售商的博弈模型,分析了多供应链竞争下制造企业与零售商的碳减排合作情况。研究结果表明,制造企业和零售商共同决策的碳减排合作在多供应链竞争条件下可以提升各供应链的利润及产品的碳减排水平,而减排成本系数因素会对上述的均衡结果产生一定影响。

6.1.2　研究建议

本书通过对电子行业供应链低碳化的实现途径进行研究,为政府推动我国电子行业供应链低碳化工作的开展提供科学依据,进一步促进电子行业减少供应链生命周期的碳排放。主要的研究建议包括针对政府部门和电子产品制造企业的建议。

1. 针对政府部门的建议

(1) 政府需要完善促进电子行业供应链低碳化方面的政策。

研究表明,我国推动电子行业供应链低碳化的工作尚处于起步阶段,各级地方政府尚未建立针对电子产品制造企业碳减排实施工作和情况的常规监督检查机制。因此,大多数电子产品制造企业没有开展相关的碳减排工作。鉴于此,本书的具体建议如下:

地方政府应建立电子行业供应链低碳化的组织管理部门。各级地方政府可以考虑建立由发改局、工业信息产业局和环保局等各部门成员组成的管理部门,其职责主要是讨论并制定促进电子行业供应链低碳化的相关政策,并由地方领导作为管理该部门的负责人,同时该部门的日常工作办公室可以设在发改局内。

政府可在不同的阶段对制造企业采取不同的政策措施。在政府推动制造企业开展供应链低碳化实践的初始阶段,政府应对碳减排成果好的制造企业给予较高的减排补贴及政策支持,同时科学地制定补贴政策并随着制造企业的实施状况进行适当调整。进一步地,随着电子行业供应链低碳化的水平逐渐提升,政府可以对碳减排成果较差的制造企业采取力度较大的惩罚措施,进而在不同阶段推动电子产品制造企业开展供应链低碳化的实践行动。

政府在对电子产品制造企业碳减排效果的监督检查过程中,不仅需要关注电子产品制造企业的直接碳减排成果,同时更应注重其在供应链生命周期内的碳减排贡献,并在制定相应政策时予以考虑。与钢铁等传统能耗大户相比,我国电子行业的能源消耗较低,在行业的直接碳排放减排的空间和效果方面相应较小,政府在采取相应政策时若只衡量电子产品制造企业的直接碳减排成果难以提升其积极性。相应地,我国电子行业在供应链全生命周期内产生的碳排放较为显著,特别是在产品的使用过程产生了大量的间接碳排放。因此,政府对电子产品制造企业的碳减排成果进行检查时,应该衡量其在行业供应链生命周期内的碳减排贡献,并在采取各项政策和措施中加以考虑,进一步推动电子产品制造企业碳减排措施的实施。

政府应对检查方式方法开展创新,减少政府的监督检查成本。各级地方政府可借鉴欧美等发达国家经验,通过引入第三方的监督检查机制以降低政府的检查成本。同时政府可以本区域内供应链低碳化实践较好的电子产品制造企业为榜样开展宣传,鼓励电子产品制造企业向国际领先企业学习,引导更多的电子产品制造企业采取供应链低碳化的措施。同时,政府应加强并推广信息技术在驱动电子产品制造企业供应链低碳化过程中的应用,通过建立电子产品碳排放信息平台、加强网络设施建设等措施减少制造企业供应链低碳化实践运营的相关成本。

(2) 政府需要提高消费者的低碳环保意识。

制造企业与上下游企业联合碳减排的博弈模型表明,在消费者低碳环保偏好的影响下,制造企业与上下游企业的相关碳减排合作能够提升供应链成员的利润水平,并且产品的碳排放水平也会有所降低。因此,政府提升消费者的低碳环保意识是促进多方共赢及降低电子行业供应链全生命周期碳排放的重要措施。鉴于此,本书的具体建议为:

各级地方政府应加强对企业环境相关信息的公开力度。2008年5月1日,随着《环境信息公开办法(试行)》的实施,我国对企业环境信息的公开进入了法制化时期。通过公开电子产品制造企业和供应链上下游企业的温室气体排放、能源消耗、产品碳排放等相关环境信息,可以帮助消费者及其他利益相关者进行信息的获取,进而有利于发挥消费者和媒体等群体的监督促进作用,并对制造企业供应链低碳化的实践行为产生积极影响,最终促使电子产品制造企业供应链低碳化措施的实施和改善。

政府应加强低碳环保消费体系的建设,并采取相应政策和措施强化消费者对低碳环保节能产品的购买意愿。进一步完善我国低碳产品标识的审核及监督制度,并对相应低碳产品进行一定的财政补贴,同时扩大能效标识等制度在电子行业内的使用范围。如此,消费者在进行电子产品购买的过程中可以获取该产品的能源效率水平和相关碳排放信息,进而通过市场的作用抵制高能耗及高碳排放的产品。同时政府应当通过电视、广播和网络等媒体和渠道加强低碳电子产品和低碳消费方式的宣传,促使消费者进行低碳消费,进一步影响电子产品制造企业开展供应链低碳化的实践。

2. 针对电子产品制造企业的建议

(1) 主动采取供应链低碳化战略,同时影响推动上下游企业采取碳减排措施。

本书研究表明,无论是政府对制造企业进行补贴政策时,还是不同的发展阶段政府对制造企业的驱动政策发生变化时,主动采取供应链低碳化的电子产品制造企业都具有较强的竞争优势。因此,本书的建议如下:

借鉴欧美等发达国家相关领先企业的经验,开展供应链低碳化的实践行为。目前,国内外电子行业的环保法规日趋严格,来自政府、消费者等各界的压力推动电子产品制造企业承担更多的碳减排责任。在此背景下,电子产品制造企业应借鉴国外领先企业供应链低碳化的经验,采取积极的行动并提升其产品的竞争力。同时电子产品制造企业应加强市场营销的相关力度,强化其产品的低碳环保形象,在国内外激烈的市场竞争中取得竞争优势。

另一方面,电子产品制造企业不仅应采取措施降低自身碳排放,同时还应积极与供应链上下游企业开展相关合作减少供应链生命周期的碳排放。由上文分析可知,电子行业供应链角度的碳减排空间较大,特别是产品使用过程中产生的间接碳排放数量较多。因此,电子产品制造企业应针对上述行业特点采取相应措施,通过选取低碳的供应商、与供应链上下游企业合作共同减少最终电子产品的碳排放等方式减少电子行业供应链生命周期的温室气体排放。

(2) 选择低碳环保的供应商,降低电子行业供应链整体碳排放。

本书研究表明,我国电子产品制造企业在供应商选择时已对其碳排放有所考虑。从供应链的整体角度考虑,电子产品制造企业的直接排放的温室气体只占一小部分,而大多数来自于供应链其他成员特别是供应商的间接碳排放。制造企业在进行供应商的选择时不应仅关注其经济指标,同时也应该关注供应商的碳排放情况等环境指标。具体建议包括:

电子产品制造企业应对供应商的评价指标开展细致分析,根据企业及供应商的实际情况,将碳排放信息纳入选择标准之中,同时选取成本、质量等关键指标对供应商进行选择。制造企业根据对供应商相关指标的分析研究,进一步向供应商提出碳排放绩效相关的要求,从而有利于供应商提升节能环保方面的绩效,进一步降低电子行业供应链的整体排放。

(3) 制造企业积极与供应链上下游企业开展碳减排的相关合作。

本书研究表明,电子产品制造企业与供应链上下游企业的碳减排合作不仅能提升供应链的利润,同时还可降低产品的碳排放,从供应链中企业以及社会的角度来看是一种双赢的策略。因此,本书给出具体的建议包括:

电子产品制造企业与供应链上下游供应商和零售商应积极开展碳减排的相关合作,拓展碳减排合作的方式和方法,并根据制造企业及合作企业的具体情况进行方法的选择和执行,共同降低产品的碳排放以及供应链生命周期内的碳排放。

电子产品制造企业与供应链上下游企业在具体的碳减排合作过程之中,有时会难以达到利润最大化和产品碳减排水平最小化的双重目标。此时制造企业应加强与政府相关部门的沟通与交流,积极争取相关的政策和补贴支持,从而选取更有利于降低产品碳排放的合作方式。

6.2 研究主要创新点

本书的主要创新点可归纳总结为以下三个:

(1) 基于演化博弈理论,建立了地方政府和电子产品制造企业的演化博弈模型,进而揭示了政府驱动电子产品制造企业采取碳减排措施的原理。

针对政府驱动电子产品制造企业采取碳减排措施过程中双方存在信息不对称问题,以及政府的相关驱动措施会随着时间的推进发生变化的特点,本书建立了电子产品制造企业群体和地方政府群体间的演化博弈模型;通过分析不同的演化稳定策略,剖析了不同制造企业群体和地方政府群体在供应链低碳化过程中的行为特征,并研究了政府的动态惩罚和动态补贴政策对博弈双方策略稳定性的影响作用。进一步地,本书引入系统动力学方法,通过理论分析及对系统的动态模拟阐明了在政府监督检查下制造企业策略选择的动力机制及演化机理,弥补了演化博弈模型过于复杂并且难以刻画相应博弈过程的局限。上述模型揭示了政府以及制造企业策略选择的动态变化过程,为政府推动电子产品制造企业开展供应链低碳化实践提供了决策方面的支持,同时也为政府驱动电子行业供应链低碳化的后续研究提供了参考和借鉴。

(2) 构建了电子产品制造企业低碳供应商的评价选择模型和电子产品制造企业与供应商的联合碳减排博弈模型，研究了制造企业与上游供应商的供应链碳减排合作机制。

基于现实中电子产品制造企业供应商选择的背景，建立了低碳供应商的评价与选择模型。剖析了制造企业在供应商评价选择过程中关注的重点问题，从产品成本、质量、服务水平和产品碳排放四个维度描述供应商经济和环境方面的绩效，弥补了以往文献中只从经济绩效开展研究的不足。使用模糊 AHP 评价了供应商选择标准的相对重要性，进一步采用模糊 GP 解决了多供应商的订单分配问题，较好地解决了模糊环境下企业决策存在不确定性的问题。针对碳减排过程中电子产品制造企业与供应商的合作问题，建立了制造企业与供应商的联合碳减排博弈模型；通过建立不同供应链成员间的契约并开展相应分析，研究了制造企业与供应商的合作对供应链利润和产品碳排放产生的影响，较好地解决了供应链企业如何平衡各自利润及碳减排效果的问题。所建立的模型揭示了制造企业如何影响上游供应商并开展相关合作降低供应链生命周期的碳排放，为电子产品制造企业推动供应链低碳化的措施实施提供了依据和借鉴。

(3) 构建基于消费者低碳偏好的电子产品制造企业和下游零售商合作碳减排协调契约模型，并分析了多供应链竞争对相关合作产生的影响。

根据电子产品制造企业、零售商和消费者之间的关系，使用博弈论相关方法构建了基于消费者低碳偏好的制造企业和零售商合作碳减排协调契约模型。通过开发三种供应链契约，对产品的碳排放和供应链成员利润开展分析和研究，并探讨了消费者的低碳偏好和企业的碳减排成本对实施碳减排合作的制造企业与零售商的收益影响，较好地解决了供应链成员利润和碳减排效果间的协调问题。进一步地，建立了多供应链竞争下电子产品制造企业与零售商的碳减排合作模型，探索供应链竞争对碳减排相关合作产生的影响，弥补以往多数文献中仅从单个供应链角度研究企业碳减排合作的不足。考虑消费者偏好及供应链竞争下的制造企业与零售商碳减排合作模型的建立及分析，为供应链中制造企业与零售商的碳减排合作方式提供了决策支持及方法借鉴。

6.3 研究局限及展望

6.3.1 研究局限

本书研究尚存在不足之处,主要表现在以下几个方面:

(1) 电子行业供应链低碳化过程中消费者、金融市场等因素对制造企业的驱动作用需要进一步研究。

本书在第 3 章中构建的博弈模型主要探讨了政府与电子产品制造企业在供应链低碳化过程中的行为特点,重点分析了政府对制造企业的相关驱动作用。然而随着碳交易市场的完善及社会的发展,消费者的低碳环保意识、金融市场以及环保组织对电子产品制造企业的驱动作用逐渐增强,这些因素的相关作用需要开展深入研究。

(2) 电子产品制造企业对供应商的评价和选择标准仍需完善。

本书在第 4 章建立的低碳供应商评价与选择模型中,将产品成本、质量、服务水平和碳排放的相关信息作为选择标准和依据。而现实中诸如环保、风险等因素会对供应商的选择产生一定影响,需要进一步研究。

(3) 电子产品制造企业如何与上下游企业进行碳减排合作以减少电子行业供应链整体的碳排放有待深入研究。

本书第 4 章和第 5 章针对制造企业与供应链上下游企业的碳减排合作方式开展了分析,为制造企业与上下游企业的温室气体减排合作提供了借鉴和支持。然而供应链低碳化是一项复杂的系统工程,并且本书中尚未考虑源自零售商的供应链间接碳排放对行业碳排放产生的影响。因此,制造企业与其他企业间的碳减排合作方式(如进行供应链优化设计、选择低碳的零售商减少供应链整体的碳排放等)尚需进行深入的探讨。

(4) 供应链竞争下电子产品制造企业与下游零售商的合作机制尚待进一步探索。

本书 5.2 节所建立的供应链间企业合作碳减排竞争模型中,其一部分结论是在一定的参数设置下得到的,电子产品制造企业与零售商进行碳减排合作的一般规律尚需深入研究。

(5) 政府影响下企业间的碳减排合作博弈需要进一步研究。

本书第 3 章分析了政府对电子产品制造企业的驱动作用,第 4 章和第 5 章分别研究了电子产品制造企业对上下游企业的影响。现实情况中,政府的各项政策及措施会对供应链企业的碳减排行为产生较大影响,将政府、电子产品制造企业和供应链上下游企业等作为一个整体建立博弈模型研究其如何促进电子行业供应链低碳化需开展进一步分析。

(6) 供应链间碳减排合作的相关竞争尚需进一步探讨。

本书第 4 章和第 5 章建立的供应链碳减排合作模型中假设供应链中的企业均有动力开展碳减排行动,而现实中其他供应链成员可能并没有动力采取碳减排措施。在此情况下,采取碳减排措施的供应链如何与不采取减排措施的供应链进行竞争,以及竞争的结果如何,均需要开展深入研究。

6.3.2 研究展望

针对本书研究过程中存在的不足和局限之处,可在以下几方面开展进一步研究:

(1) 通过定量的分析工具以及案例研究我国背景下消费者、金融市场和环保组织对电子产品制造企业实施供应链低碳化措施的驱动作用,分析上述利益相关者在驱动制造企业碳减排过程中的行为特点,进而有效推动制造企业积极采取供应链低碳化的措施。

(2) 对国内外电子产品制造企业开展调研分析,同时通过文献研究进一步识别和补充电子产品制造企业供应商的选择标准,在实际案例的分析探讨过程中对低碳供应商评价选择模型进行完善。

(3) 采用博弈论等方法对电子产品制造企业和上下游企业的碳减排合作博弈关系开展进一步探讨,研究制造企业和上下游企业间的合作激励机制及风险共担机制,并通过对供应链网络设计、低碳零售商选择等方式探讨如何降低供应链的间接碳排放,进一步研究电子行业供应链低碳化实现途径的原理。

(4) 使用博弈论等相关理论建立电子产品制造企业与下游零售商的碳减排合作模型,深入分析供应链竞争条件下相关合作背后的一般性规律。

(5) 使用博弈论方法建立包含政府、电子产品制造企业和供应链上下游企业的综合博弈模型,分析政府对电子行业供应链碳减排合作的驱动和影响。

(6) 采用博弈论等方法对供应链间的竞争开展深入分析,研究采取碳减排措施的供应链与不采取碳减排措施的供应链间的竞争关系,并探索碳减排的相关合作对供应链竞争带来的影响。

参考文献

[1] IPCC. Climate Change 2014 Synthesis Report[R]. Geneva: Intergovernmental Panel on Climate Change, 2014.

[2] United Nations. United Nations Framework Convention on Climate Change[R]. Rio de Janeiro: United Nations, 1992.

[3] United Nations. Kyoto Protocol to the United Nations Framework Convention on Climate Change[R]. Kyoto: United Nations, 1997.

[4] 陶然. 2011年世界电子行业发展漫笔(上)[J]. 电子产品世界, 2011(Z1): 2-4.

[5] 荆克迪, 楚春礼, 王圆生. 中国高新技术产业碳排放趋势研究与影响因素分析——以电子及通信设备制造业为例[J]. 江淮论坛, 2011(3): 16-19.

[6] HUANG Y A, WEBER C L, MATTHEWS H S. Carbon footprinting upstream supply chain for electronics manufacturing and computer services[C]. IEEE International Symposium on Sustainable Systems and Technology(ISSST), Phoenix, 2009.

[7] 王泽填, 林钦洁. 低碳经济背景下我国电子信息业面临的挑战与机遇[J]. 开放导报, 2010(3): 80-85.

[8] ANDRAE A S G, ANDERSEN O. Life cycle assessments of consumer electronics—are they consistent? [J]. International Journal of Life Cycle Assessment, 2010, 15(8): 827-836.

[9] Gartner. Green IT: The new industry shockwave[R]. Stanford: Gartner, 2007.

[10] ZHANG B, WANG Z H. Inter-firm collaborations on carbon emission reduction within industrial chains in China: Practices, drivers and effects on firms' performances[J]. Energy Economics, 2014, 42: 115-131.

[11] LIU Y. Investigating external environmental pressure on firms and their behavior in Yangtze River Delta of China[J]. Journal of Cleaner Production, 2009, 17(16): 1480-1486.

[12] DU S, MA F, FU Z, et al. Game-theoretic analysis for an emission-dependent supply chain in a 'cap-and-trade' system[J]. Annals of Operations Research, 2011(9): 1-15.

[13] BENJAAFAR S, LI Y Z, DASKIN M. Carbon footprint and the management of supply chains: insights from simple models[J]. IEEE Transactions on Automation Science and Engineering, 2013,10(1SI): 99-116.

[14] 斯蒂格利茨. 公共部门经济学[M]. 郭庆旺,译. 北京:中国人民大学出版社, 2005:61-84.

[15] AHMAD N, WYCKOFF A A. Carbon dioxide emissions embodied in international trade of goods[R]. Paris: Organisation for Economic Cooperation and Development (OECD), 2003.

[16] NAGURNEY A, LIU Z G, WOOLLEY T. Optimal endogenous carbon taxes for electric power supply chains with power plants[J]. Mathematical and Computer Modelling, 2006,44(9−10):899-916.

[17] CHOI T M. Local sourcing and fashion quick response system: the impacts of carbon footprint tax[J]. Transportation Research Part E: Logistics and Transportation Review, 2013,55(SI):43-54.

[18] FAHIMNIA B, SARKIS J, DEHGHANIAN F, et al. The impact of carbon pricing on a closed-loop supply chain: an Australian case study[J]. Journal of Cleaner Production, 2013,59:210-225.

[19] CHOI T M. Carbon footprint tax on fashion supply chain systems[J]. The International Journal of Advanced Manufacturing Technology, 2013,68(1):835-847.

[20] CHOI T M. Optimal apparel supplier selection with forecast updates under carbon emission taxation scheme[J]. Computers & Operations Research, 2013,40(11):2646-2655.

[21] COASE R. The problem of social cost[J]. Journal of law & economics, 1992(3):1-44.

[22] HUA G W, CHENG T, WANG S Y. Managing carbon footprints in inventory management[J]. International Journal of Production Economics, 2011,132(2):178-185.

[23] RAMUDHIN A, CHAABANE A, PAQUET M. Carbon market sensitive sustainable supply chain network design[J]. International Journal of Management Science and Engineering Management, 2010, 5(1):30-38.

[24] GIAROLA S, SHAH N, BEZZO F. A comprehensive approach to the design of ethanol supply chains including carbon trading effects[J]. Bioresource Technology, 2012, 107: 175-185.

[25] SONG J, LENG M. Analysis of the single-period problem under carbon emissions policies[J]. International Series in Operations Research & Management Science, 2012, 176: 297-313.

[26] CHAABANE A, RAMUDHIN A, PAQUET M. Design of sustainable supply chains under the emission trading scheme[J]. International Journal of Production Economics, 2012, 135(1): 37-49.

[27] DU S F, ZHU L L, LIANG L, et al. Emission-dependent supply chain and environment-policy-making in the 'cap-and-trade' system[J]. Energy Policy, 2013, 57: 61-67.

[28] ZHANG B, XU L. Multi-item production planning with carbon cap and trade mechanism[J]. International Journal of Production Economics, 2013, 144(1): 118-127.

[29] JABER M Y, GLOCK C H, EL SAADANY A. Supply chain coordination with emissions reduction incentives[J]. International Journal of Production Research, 2013, 51(1): 69-82.

[30] DIABAT A, ABDALLAH T, AL-REFAIE A, et al. Strategic closed-loop facility location problem with carbon market trading[J]. IEEE Transactions On Engineering Management, 2013, 60(2): 398-408.

[31] CHITRA K. In search of the green consumers: A perceptual study[J]. Journal of Services Research, 2007, 1(7): 173-191.

[32] LIU Z G, ANDERSON T D, CRUZ J M. Consumer environmental awareness and competition in two-stage supply chains[J]. European Journal of Operational Research, 2012, 218(3): 602-613.

[33] BOCKEN N, ALLWOOD J M. Strategies to reduce the carbon footprint of consumer goods by influencing stakeholders[J]. Journal of Cleaner Production, 2012, 35: 118-129.

[34] SHUAI C, DING L, ZHANG Y, et al. How consumers are willing to pay for low-carbon products? —Results from a carbon-labeling scenario experiment in China[J]. Journal of Cleaner Production, 2014, 83(15):

366-373.

[35] IBM. Mastering carbon management Balancing trade-offs to optimize supply chain efficiencies[R]. Silicon Valley: IBM Institute for Business Value, 2008.

[36] HOFFMAN W. Who's carbon-free? Wal-Mart takes on supply chains of products as expansive carbon measuring plan eyes distribution[J]. Traffic World, 2007,42(271):15.

[37] Wal-mart. Global Sustainability Report[R]. Bentonville: Wal-mart, 2010.

[38] BIRCHALL J. Walmart to set emissions goals for suppliers[N]. Financial Times, 2010-10-2(10).

[39] ZHU Q H, DOU Y J, SARKIS J. A portfolio-based analysis for green supplier management using the analytical network process[J]. Supply Chain Management: An International Journal, 2010,15(4):306-319.

[40] WATTS D, ALBORNOZ C, WATSON A. Clean Development Mechanism (CDM) after the first commitment period: Assessment of the world's portfolio and the role of Latin America[J]. Renewable and Sustainable Energy Reviews, 2015,41:1176-1189.

[41] YALABIK B, FAIRCHILD R J. Customer, regulatory, and competitive pressure as drivers of environmental innovation[J]. International Journal of Production Economics, 2011,131(2):519-527.

[42] ZHU Q H, GENG Y. Drivers and barriers of extended supply chain practices for energy saving and emission reduction among Chinese manufacturers[J]. Journal of Cleaner Production, 2013,40:6-12.

[43] LIU Y. Dynamic study on the influencing factors of industrial firm's carbon footprint[J]. Journal of Cleaner Production, 2015,103(15):411-422.

[44] MARKMAN G, KRAUSE D. Understanding the role of government and buyers in supplier energy efficiency initiatives[J]. Journal of Supply Chain Management, 2014,50(2):82-105.

[45] 晓谕. 消费者调查:能效标识难敌品牌魅力[N]. 中国工业报, 2007-3-20(1).

[46] 庞晶,李文东. 低碳消费偏好与低碳产品需求分析[J]. 中国人口·资源与

环境,2011(9):76-80.

[47] 王秀村,吕平平,周晋. 低碳消费行为影响因素与作用路径的实证研究[J]. 中国人口·资源与环境,2012(S2):50-56.

[48] 徐丹. 消费者低碳产品购买行为模型构建探索[D]. 成都:西南财经大学,2012.

[49] 马秋卓,宋海清,陈功玉. 碳配额交易体系下企业低碳产品定价及最优碳排放策略[J]. 管理工程学报,2014,28(2):127-136.

[50] 梁喜. 低碳需求约束下制造商技术创新决策的比较分析[J]. 工业工程,2014,17(1):112-119.

[51] 马秋卓,宋海清,陈功玉. 考虑碳交易的供应链环境下产品定价与产量决策研究[J]. 中国管理科学,2014,22(8):37-46.

[52] 朱庆华,王一雷,田一辉. 基于系统动力学的地方政府与制造企业碳减排演化博弈分析[J]. 运筹与管理,2014(3):71-82.

[53] 高凤华. 政府规制下的企业低碳物流技术应用博弈研究[D]. 济南:山东大学,2013.

[54] 谭娟. 政府环境规制对低碳经济发展的影响及其实证研究[D]. 长沙:湖南大学,2012.

[55] 何丽红,王秀. 低碳供应链中政府与核心企业进化博弈模型[J]. 中国人口·资源与环境,2014(S1):27-30.

[56] 张保银,汪波,吴煜. 基于循环经济模式的政府激励与监督问题[J]. 中国管理科学,2006,14(1):136-141.

[57] 朱庆华,窦一杰. 基于政府补贴分析的绿色供应链管理博弈模型[J]. 管理科学学报,2011,14(6):86-95.

[58] 张国兴,张绪涛,程素杰,等. 节能减排补贴政策下的企业与政府信号博弈模型[J]. 中国管理科学,2013,21(4):129-136.

[59] 于维生,张志远. 中国碳税政策可行性与方式选择的博弈研究[J]. 中国人口·资源与环境,2013,23(6):8-15.

[60] 代应,宋寒,蒲勇健. 低碳经济下企业节能减排技术改造进化博弈分析[J]. 工业技术经济,2013(3):137-141.

[61] 付丽苹. 我国发展低碳经济的行为主体激励机制研究[D]. 长沙:中南大学,2012.

[62] 崔和瑞,武瑞梅. 基于三螺旋理论的低碳技术创新研究[J]. 中国管理科学,2012(S2):790-796.

[63] 刘倩, 丁慧平, 侯海玮. 供应链环境成本内部化利益相关者行为抉择博弈探析[J]. 中国人口·资源与环境, 2014, 24(6): 71-76.

[64] HAIGH M, HAZELTON J. Financial markets: a tool for social responsibility? [J]. Journal of Business Ethics, 2004, 52(1): 59-71.

[65] Trucost. Carbon emissions-measuring the risks[R]. Ann Arbor: Trucost, 2009.

[66] LEE K H. Carbon accounting for supply chain management in the automobile industry[J]. Journal of Cleaner Production, 2012, 36(SI): 83-93.

[67] HSU C W, KUO T C, CHEN S H, et al. Using DEMATEL to develop a carbon management model of supplier selection in green supply chain management[J]. Journal of Cleaner Production, 2013, 56: 164-172.

[68] DOU Y, ZHU Q, SARKIS J. Integrating strategic carbon management into formal evaluation of environmental supplier development programs[J]. Business Strategy and the Environment, 2015, 24(8): 873-891.

[69] SHAW K, SHANKAR R, YADAV S S, et al. Supplier selection using fuzzy AHP and fuzzy multi-objective linear programming for developing low carbon supply chain[J]. Expert Systems with Applications, 2012, 39(9): 8182-8192.

[70] DIABAT A, SIMCHI-LEVI D. A carbon-capped supply chain network problem[C]. IEEE International Conference on Industrial Engineering and Engineering Management, Hong Kong, 2009: 523-527.

[71] PALAK G, EKŞIOĞLU S D, GEUNES J. Analyzing the impacts of carbon regulatory mechanisms on supplier and mode selection decisions: An application to a biofuel supply chain[J]. International Journal of Production Economics, 2014, 154: 198-216.

[72] HARRIS I, NAIM M, PALMER A, et al. Assessing the impact of cost optimization based on infrastructure modelling on CO_2 emissions[J]. International Journal of Production Economics, 2011, 131(1SI): 313-321.

[73] ZHANG Q, SHAH N, WASSICK J, et al. Sustainable supply chain optimisation: An industrial case study[J]. Computers & Industrial

Engineering, 2014, 74:68-83.

[74] ZHOU Y C, ZHANG B, ZOU J, et al. Joint R&D in low-carbon technology development in China: A case study of the wind-turbine manufacturing industry[J]. Energy Policy, 2012, 46:100-108.

[75] TATE W L, DOOLEY K J, ELLRAM L M. Transaction cost and institutional drivers of supplier adoption of environmental practices[J]. Journal of Business Logistics, 2011, 32(1):6-16.

[76] TATE W L, ELLRAM L M, DOOLEY K J. The impact of transaction costs and institutional pressure on supplier environmental practices[J]. International Journal of Physical Distribution, 2014, 44(5):353-372.

[77] LUKAS E, WELLING A. Vestment timing and eco(nomic) efficiency of climate–friendly investments in supply chains[J]. European Journal of Operational Research, 2014, 233(2SI):448-457.

[78] DU D L, FENG Z, ZHAO H Y. Research on the price negotiation mechanism of green supply chain of manufacturing industry from the angle of customer behavior[C]. 18th International Conference on Management Science and Engineering, Rome, 2011:244-249.

[79] ABDALLAH T, FARHAT A, DIABAT A, et al. Green supply chains with carbon trading and environmental sourcing: Formulation and life cycle assessment[J]. Applied Mathematical Modelling, 2012, 36(9): 4271-4285.

[80] JI G J, GUNASEKARAN A, YANG G Y. Constructing sustainable supply chain under double environmental medium regulations[J]. International Journal of Production Economics, 2014, 147(SIB): 211-219.

[81] STYLES D, SCHOENBERGER H, GALVEZ-MARTOS J-L. Environmental improvement of product supply chains: Proposed best practice techniques, quantitative indicators and benchmarks of excellence for retailers[J]. Journal of Environmental Management, 2012, 110:135-150.

[82] HUANG J, LENG M, LLIANG L, et al. Qualifying for a government's scrappage program to stimulate consumers' trade-in transactions? Analysis of an automobile supply chain involving a manufacturer and a

retailer[J]. European Journal of Operational Research, 2014,239(1): 363-376.

[83] XIA L J, ZHI H W. Ananlysis of carbon emission reduction and power dominance between single manufacturer and single retailer in regulatory cap and trade system [J]. Discrete Dynamics in Nature and Society, 2014,23:452-464.

[84] HU H, ZHOU W. A decision support system for joint emission reduction investment and pricing decisions with carbon emission trade[J]. International Journal of Multimedia and Ubiquitous Engineering, 2014,9(9):371-380.

[85] GHOSH D, SHAH J. A comparative analysis of greening policies across supply chain structures[J]. International Journal of Production Economics, 2012,135(2):568-583.

[86] MAFAKHERI F, NASIRI F. Revenue sharing coordination in reverse logistics[J]. Journal of Cleaner Production, 2013,59:185-196.

[87] CACHON G P. Supply chain design and the cost of Greenhouse Gas Emissions[C]. University of Pennsylvania, 2011.

[88] CACHON G P. Retail store density and the cost of Greenhouse Gas Emissions[J]. Management Science, 2014,60(8):1907-1925.

[89] FAHIMNIA B, SARKIS J, BOLAND J, et al. Policy insights from a green supply chain optimisation model[J]. International Journal of Production Research, 2015, 53(21):6522-6533.

[90] MACCARTHY B L, JAYARATHNE P G S A. Sustainable collaborative supply networks in the international clothing industry: a comparative analysis of two retailers[J]. Production Planning & Control, 2012, 23(4SI):252-268.

[91] VALIDI S, BHATTACHARYA A, BYRNE P J. A solution method for a two-layer sustainable supply chain distribution model[J]. Computers & Operations Research, 2015,52:204-217.

[92] SAVINO M M, MANZINI R, MAZZA A. Environmental and economic assessment of fresh fruit supply chain through value chain analysis. A case study in chestnuts industry[J]. Production Planning & Control, 2015,26(1):1-18.

[93] 程发新,程栋,赵艳萍,等. 基于共识决策的低碳供应商选择方法研究

[J]. 运筹与管理,2012(6):68-73.
- [94] 喻铖. 绿色供应链下供应商选择及博弈分析[D]. 上海:东华大学,2013.
- [95] 蔡岳. 面向低碳供应链的采购优化决策研究[D]. 上海:华东理工大学,2012.
- [96] 夏良杰,赵道致,李友东. 基于转移支付契约的供应商与制造商联合减排[J]. 系统工程,2013(8):39-46.
- [97] 夏良杰,赵道致,何龙飞,等. 基于自执行旁支付契约的供应商与制造商减排博弈与协调[J]. 管理学报,2014,11(5):750-757.
- [98] 谢鑫鹏,赵道致. 低碳供应链生产及交易决策机制[J]. 控制与决策,2014(4):651-658.
- [99] 吴义生. 低碳供应链协同运作的演化模型[J]. 运筹与管理,2014,23(2):124-132.
- [100] 王芹鹏,赵道致,何龙飞. 供应链企业碳减排投资策略选择与行为演化研究[J]. 管理工程学报,2014,28(3):181-189.
- [101] 李昊,赵道致. 碳排放权交易机制对供应链影响的仿真研究[J]. 科学学与科学技术管理,2012,33(11):117-123.
- [102] 王春晖. 低碳供应链生产运作优化研究[D]. 武汉:华中科技大学,2012.
- [103] 吕金鑫. 基于碳配额限制的供应链整体低碳化研究[D]. 天津:天津大学,2012.
- [104] 谢鑫鹏,赵道致. 低碳供应链企业减排合作策略研究[J]. 管理科学,2013,26(3):108-119.
- [105] 李媛,赵道致. 考虑公平偏好的低碳化供应链两部定价契约协调[J]. 管理评论,2014,26(1):159-167.
- [106] 赵道致,原白云,夏良杰,等. 碳排放约束下考虑制造商竞争的供应链动态博弈[J]. 工业工程与管理,2014,19(1):65-71.
- [107] 王芹鹏,赵道致. 两级供应链减排与促销的合作策略[J]. 控制与决策,2014,29(2):307-314.
- [108] 徐春秋,赵道致,原白云. 政府补贴政策下产品差别定价与供应链协调机制[J]. 系统工程,2014,32(3):78-86.
- [109] 姚漫,汪传旭,许长延. 碳排放约束下双渠道两级供应链网络优化模型[J]. 工业工程,2013,16(4):7-13.
- [110] 戴卓,胡凯. 多目标低碳闭环供应链网络优化模型及算法[J]. 计算机应用研究,2014,31(6):1648-1653.

[111] 施洪涛. 碳排放约束下的供应链网络优化的研究[D]. 天津:东华大学, 2014.

[112] 张学强. 面向减排投资优化的低碳供应链网络设计[D]. 天津:天津大学, 2012.

[113] 何家强. 低碳化多源选址—路径—库存集成问题模型及算法研究[D]. 沈阳:东北大学, 2012.

[114] 蔡建政. 我国零售业供应链低碳化实施研究[D]. 上海:复旦大学, 2012.

[115] Walker H, Di Sisto L, McBain D. Drivers and barriers to environmental supply chain management practices: lessons from the public and private sectors[J]. Journal of Purchasing and Supply Management, 2008, 14(1):69-85.

[116] 戴定一. 物流与低碳经济[J]. 中国物流与采购, 2008(21):24-25.

[117] 黄利莹. 顺应低碳趋势的绿色供应链绩效评价研究[D]. 武汉:武汉科技大学, 2010.

[118] 蔡伟琨, 毛帅, 蔡友霞. 低碳供应链发展的企业战略探析[J]. 企业活力, 2011(10):32-35.

[119] 李雄诒, 王薇. 论企业绿色供应链管理[J]. 商业时代, 2008(13):20-21.

[120] RAMUDHIN A, CHAABANE A, KHAROUNE M, et al. Carbon market sensitive green supply chain network design[C]. IEEE International Conference on Industrial Engineering and Engineering Management, Singapore, 2008:1093-1097.

[121] 张善明. 中国碳金融市场发展研究[D]. 武汉:武汉大学, 2012.

[122] MALMODIN J, MOBERG A, LUNDEN D, et al. Greenhouse Gas Emissions and operational electricity use in the ICT and Entertainment & Media Sectors[J]. Journal of Industrial EcologyC, 2010, 14(5SI):770-790.

[123] SAATY T L. The Analytic Hierarchy Process[M]. NewYork:McGraw Hill, 1980.

[124] BUCKLEY J J. Fuzzy Hiherarchical Analysis[J]. Fuzzy Sets and Systems, 1985, 17(3):233-247.

[125] CHANG D Y. Applications of the extent analysis method on fuzzy AHP[J]. European Journal of Operational Research, 1996, 95(3):649-655.

[126] FRIEDMAN D. Evolutionary games in economics[J]. Econometrica, 1991,59(3):637-666.

[127] FRIEDMAN D. On economic applications of evolutionary game theory[J]. Journal of Evolutionary Economics, 1998,8(1):15-43.

[128] HOFBAUER J, SCHUSTER P, SIGMUND K. Evolutionary stable strategies and game dynamics[J]. Journal of Theoretical Biology, 1979,81(3):609-612.

[129] GINTIS H. Game theory evolving, Second Edition[M]. Princeton: Princeton University Press, 2009.

[130] SICE P, MOSEKILDE E, MOSCARDINI A, et al. Using system dynamics to analyse interactions in duopoly competition[J]. System Dynamics Review, 2000,16(2):113-133.

[131] LASH J, WELLINGTON F. Competitive advantage on a warming planet[J]. Harvard Business Review, 2007,85(3):94.

[132] SHAW K, SHANKAR R, YADAV S S, et al. Modeling a low-carbon garment supply chain[J]. Production Planning & Control, 2013, 24(8-9SI):851-865.

[133] Accenture. CDP supply chain report 2012[R]. New York: Accenture, 2012.

[134] CHAN F T S, KUMAR N. Global supplier development considering risk factors using fuzzy extended AHP-based approach[J]. Omega: International Journal of Management Science, 2007,35(4):417-431.

[135] LEE A H I, KANG-Y, HSU C-F, et al. A green supplier selection model for high-tech industry[J]. Expert Systems with Applications, 2009,36(4):7917-7927.

[136] HO W, XU X, DEY P K. Multi-criteria decision making approaches for supplier evaluation and selection: A literature review[J]. European Journal of Operational Research, 2010,202(1):16-24.

[137] KU C, CHANG C, HO H. Global supplier selection using fuzzy analytic hierarchy process and fuzzy goal programming[J]. Quality & Quantity, 2010,44(4):623-640.

[138] MIN H. International supplier selection: a multi-attribute utility approach[J]. International Journal of Physical Distribution & Logistics

Management, 1994,35(5):494-504.

[139] XIA W, WU Z. Supplier selection with multiple criteria in volume discount environments[J]. Omega: International Journal of Management Science, 2007,35(5):494-504.

[140] KANNAN D, KHODAVERDI R, OLFAT L, et al. Integrated fuzzy multi criteria decision making method and multi-objective programming approach for supplier selection and order allocation in a green supply chain[J]. Journal of Cleaner Production, 2013,47: 355-367.

[141] 周荣喜,马鑫,李守荣,等. 基于ANP-RBF神经网络的化工行业绿色供应商选择[J]. 运筹与管理, 2012,21(1):212-219.

[142] BSI. PAS 2050: Specification for the assessment of the life cycle Greenhouse Gas Emissions of goods and services[R]. London: British Standards Institution, 2008.

[143] KUMAR M, VRAT P, SHANKAR R. A fuzzy programming approach for vendor selection problem in a supply chain[J]. International Journal of Production Economics, 2006,101(2):273-285.

[144] BELLMAN R E, ZADEH L A. Decision making in a fuzzy environment[J]. Management Sciences, 1970(17):141-164.

[145] ZIMMERMANN H J. Fuzzy programming and linear programming with several objective functions [J]. Fuzzy Sets and Systems, 1978(1):45-55.

[146] LIN C C. A weighted max-min model for fuzzy goal programming[J]. Fuzzy Sets and Systems, 2004,142(3):407-420.

[147] GURNANI H, ERKOC M. Supply contracts in manufacturer-retailer interactions with manufacturer-quality and retailer effort-induced demand[J]. Naval Research Logistics, 2008,55(3):200-217.

[148] Japan Environmental Management Association. Carbon footprint registration information[R]. Tokyo: Japan Environmental Management Association, 2013.

[149] ZHU Q, SARKIS J, LAI K. Examining the effects of green supply chain management practices and their mediations on performance improvements[J]. International Journal of Production Research, 2012,

50(5SI):1377-1394.

[150] 慕银平,李韵雅. 寡头竞争企业的最优产量及碳排放量联合决策[J]. 系统工程学报,2014,29(1):1-7.

[151] COHEN M A, Vandenbergh M P. The potential role of carbon labeling in a green economy[J]. Energy Economics, 2012, 34:553-563.

[152] Accenture. Only one in 10 companies actively manage their supply chain carbon footprints[R]. New York: Accenture Study Finds, 2009.

[153] MUTHOO A. Bargaining Theory with Application[M]. Cambridge, UK: Cambridge University Press, 2002:57-85.

[154] Japan Environmental Management Association. Carbon footprint registration information[R]. Tokyo: Japan Environmental Management Association, 2013.

[155] BANKER R D, KHOSLA I, SINHA K K. Quality and competition[J]. Management Science, 1998, 44(9):1179-1192.

[156] MOORTHY K S. Product and price competiton in a doupoly[J]. Marketing Science, 1988, 7(2):141-168.